Andreas Giese

Informationsmanagement 2.0

Wegweiser für eine moderne Informationsversorgung in Unternehmen

IGEL Verlag

Giese, Andreas

Informationsmanagement 2.0

Wegweiser für eine moderne Informationsversorgung in Unternehmen

1. Auflage 2009 | ISBN: 978-3-86815-182-4

Die Deutsche Bibliothek verzeichnet diesen Titel in der Deutschen Nationalbibliografie.
Bibliografische Daten sind unter http://dnb.ddb.de verfügbar.

IGEL Verlag

Inhaltsverzeichnis

Abbildungsverzeichnis

Tabellenverzeichnis

Abkürzungsverzeichnis

Ajax	Asynchronous Javascript and XML
BSI	British Standards Institute
CMS	Content Management System
CobiT	Control Objectives for Information and Related Technology
IC	I-CEE Kollektor
IKT	Informations- und Kommunikationstechnik
IM	Informationsmanagement
IMS	Informationsmanagementsystem
IS	Informationssystem
ISM	Information Systems Management
IT	Information Technology
ITIL	IT Infrastructure Library
ITSM	IT Service Management
MDS	Mobilen Datenservice
OGC	Office of Goverment Commerce in UK
RSS	Really Simple Syndication
VoIP	Voice over IP
VPN	Virtual Private Network
XML	Extensible Markup Language

1 Einleitung

Informationen werden alltäglich und in jeder möglichen Art und Form innerhalb des gesellschaftlichen Zusammenlebens benötigt. Sie bestimmen unter anderem, in welche Aktien wir investieren, um den möglichst besten Gewinn zu erzielen, welchen Kinofilm wir uns als nächstes ansehen, sowie welches Handy als auch Auto wir uns kaufen oder welches Restaurant wir doch lieber meiden sollten. Allgemein gesagt:

„Informationen bestimmen unser tägliches Handeln in jeder Beziehung".

Dabei haben Informationen die Eigenschaft, unser rationelles Denken so zu beeinflussen, dass wir der Meinung sind „richtig" zu handeln oder „korrekt" zu reagieren. Daraus resultieren wiederum Gefahren einer Fehlentscheidung, sollten die recherchierten und ermittelten Informationen nicht in ausreichender Menge bzw. nicht qualitativ hochwertig vorliegen. Dies jedoch ist genau die Schwierigkeit einer „optimalen" Informationsbeschaffung und -verwertung. Traditionelle und vor allem moderne Informations- und Kommunikationssysteme unterstützen uns bei dieser problematischen Informationsverwaltung auf verschiedenen Wegen. Das Internet zum Beispiel gibt uns Zugriff auf zahlreiche Informationsdienste bzw. Internetseiten, die anhand der Quellen auf ihre Seriosität überprüft werden können. Kommunikationsmöglichkeiten via Telefon, E-Mail oder ICQ ermöglichen uns auf einfachste Weise, Daten und Informationen mit Freunden, Verwandten oder Arbeitskollegen auszutauschen.

Je mehr Informationen wir über ein bestimmtes Thema erhalten, umso leichter können wir Entscheidungen treffen, die uns als „sicher" erscheinen.

Genau aus diesem Grund ist auch für Unternehmen die Beschaffung, Auswertung und auch Übermittlung von speziellen Informationen zu einem wichtigen Faktor des wirtschaftlichen Erfolges geworden. Dabei handelt es sich nicht nur um Unternehmen, die sich im internationalen Wettbewerb befinden. Auch Kleinbetriebe können von den richtigen Informationen im positiven Sinne profitieren. Da der Umfang der benötigten Informationen für Unternehmen jedoch den „normalen" Informationsbedarf eines einzelnen Individuums um ein vielfaches übersteigt, ist hier der Einsatz einer organisierten Verwaltungsstruktur maßgebend für ein erfolgversprechendes Ergebnis. In der heutigen Zeit wird diese Form der organisierten Informationsverwaltung als Informationsmanagement bezeichnet.

Wettbewerbsvorteile, Kostenersparnisse oder auch Workflow-Optimizing sind nur ein paar Schlagwörter, die in Verbindung mit Informationsmanagement an grundlegender Bedeutung gewinnen. Auch Fragen wie zum Beispiel: „Welches Unternehmen sollen wir als Geschäftspartner akquirieren?“ oder „Welchem Kunden räumen wir die Möglichkeit zur Ratenzahlung ein?“ können anhand des strukturierten Informationsmanagements eindeutig geklärt werden. Dies jedoch zeigt, dass Informationen nicht nur erhoben, sondern auch systematisch und gezielt ausgewertet werden müssen. Nur so lassen sich die gewünschten Ergebnisse erzielen.

Der Erfolg eines Unternehmens steht also in direktem Zusammenhang zu seinem Umgang mit der Ressource Information, denn die betriebliche Leistungserstellung hängt von der gelungenen Kombination der verschiedenen Produktionsfaktoren ab. Die Optimierung der Beschaffung und Bearbeitung dieser Produktionsfaktoren erfordert die Nutzung und Verwendung von Informationen in sämtlichen Bereichen.

„Der Faktor Information ist der vierte Produktionsfaktor neben Arbeit, Kapital und Boden. Information wird zum Beginn des 21. Jahrhunderts zum wichtigsten Produktionsfaktor, zum Rohstoff des Informationszeitalters.“ [vgl. 1, S.781]

Vor allem in den letzten Jahren sind genau aus diesen genannten Gründen immer mehr Technologien entstanden, die zu einer besseren Informationsbeschaffung und -übermittlung innerhalb wirtschaftlicher Aktivitäten beitragen sollen. In diesem Bereich kann durchaus von einer technischen Revolution gesprochen werden.

Immer wieder tauchen in renommierten Fachzeitschriften Artikel auf, die von „High-Tech-Büros der Zukunft“ und einem „papierlosen Schreibtisch“ berichten. An der Existenz moderner und innovativer Systeme und Techniken gibt es keine Zweifel. Dennoch werden diese noch nicht in vollem Umfang genutzt bzw. eingesetzt. Dabei können nicht nur Geschäftsprozesse erleichtert, sondern eventuell ganz neu gestaltet werden.

Dazu kommt, dass oftmals erst die Kombinationen verschiedener Systeme und Techniken zu einem optimalen Ergebnis führen können. Als Beispiel soll hier die Viedeokonferenz genannt werden, die mittlerweile durch die meisten Chat-Programme unterstützt wird. Hierdurch ist es möglich, aktiv an bestimmten Ereignissen (Konferenzen, Verhandlungen, etc.) teilzunehmen. Die Kombination besteht hier aus der Übertragung von Audio und Video via Internet.

Obwohl Informationsmanagement besonders in den letzten Jahren stark an Bedeutung gewonnen hat, ist es auch vielen Unternehmen heut zutage noch nicht bewusst, welch wichtige Rolle ein gut organisiertes Informationsmanagement innerhalb der eigenen Unternehmensstruktur spielt.

Deshalb wird diese Untersuchung, einerseits die wesentlichen Bestandteile eines Informationsmanagements innerhalb von Unternehmen aufzeigen bzw. verdeutlichen und andererseits, den Einsatz verschiedenster Informationssysteme und Technologien darstellen.

Da vor allem moderne Informationssysteme - die erst mit der Einführung des Web 2.0 entstanden - die planmäßige und strukturierte Informationsbeschaffung in jeglicher Hinsicht unterstützen, sollen insbesondere diese Techniken hier ausführlich beschrieben und analysiert werden. Dabei wird nicht nur der Informationsbedarf innerhalb der wirtschaftlichen Aktivitäten betrachtet, sondern auch unternehmensinterne Faktoren wie zum Beispiel die Kommunikationsmöglichkeiten zwischen Mitarbeitern.

Anhand der realitätsnahen und aus der Praxis entnommenen Anwendungsbeispiele können für den Leser nicht nur Parallelen zu dem eigenen Geschäftsumfeld geschlossen, sondern auch Lösungen in diesen Bereichen übernommen werden.

Diese Untersuchung soll des Weiteren auch diejenigen unterstützen, die bereits großen Wert auf ein strukturiertes und organisiertes Informationsmanagement legen. Mit Hilfe der hier vorgestellten, modernen Informationssysteme können Unternehmen in bestimmten Bereichen den Informationsfluss optimieren oder sogar ergänzen, um dadurch ihre wirtschaftlichen Aktivitäten zu verbessern.

Ein weiterer Bestandteil dieser Untersuchung ist es, ein Konzept zu präsentieren, das die Kombinationen aus den einzelnen Informationssystemen für bestimmte Berufsgruppen darstellt. Führungskräfte können sich somit aus einem Schema ihren optimalen Arbeitsplatz zusammenstellen, um so den Informationsfluss in allen Bereichen bestmöglich steuern und kontrollieren zu können. Da der Umfang dieses Konzeptes jedoch eingeschränkt ist, können hier nicht sämtliche Berufsgruppen berücksichtigt werden. Ziel jedoch ist es, zwei verschiedene Arten von Rollen darzustellen, die sich, zum Beispiel anhand eines Auftrages, stetig neue Informationen beschaffen, weitergeben oder auswerten müssen.

Es gibt viele verschiedene Möglichkeiten, das Thema Informationsmanagement zu analysieren und darzustellen. Diese Untersuchung wird sich vor allem mit der technischen Umsetzbarkeit des Informationsmanagements mit Hilfe verschiedenster Systeme auseinandersetzen.

2 Grundbegriffe

Um in dieses Themengebiet besser vordringen zu können, müssen vorweg ein paar Grundbegriffe und Definitionen erläutert werden, die mit dem Informationsmanagement unmittelbar in Verbindung stehen.

2.1 Information

Der Begriff **Information** wird auch in der heutigen Zeit noch mit Daten oder auch Wissen gleichgesetzt. Dies ist bei genauerer Betrachtung nicht ganz richtig. Bevor jedoch die Bedeutung der Information genauer betrachtet wird, soll der Zusammenhang zwischen Zeichen, Daten und Information aufgezeigt werden.

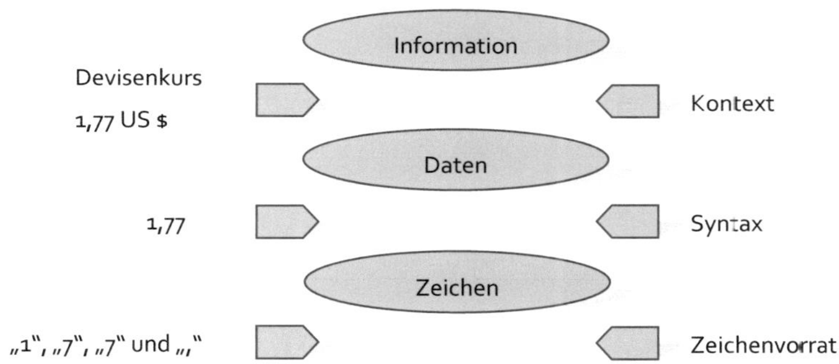

Abbildung 1: Hierarchie einer Information in Anlehnung an Krcmar

Wie in der Abbildung 1 zu sehen ist, befindet sich auf unterster Ebene ein gewisser Vorrat an Zeichen als eine Art Basis. Werden diese Zeichen nun einem bestimmten Alphabet zugeordnet, so entstehen entsprechende Daten daraus.

Werden diese erstellten Daten mit einem zusätzlichen Kontext versehen, so kann von einer Information gesprochen werden. In dem hier gezeigten Beispiel wäre die Information aus den einzelnen Zeichen und Daten der Aktienkurs von 1,77 US $. [vgl. 2, S.15]

Information ist ein vielfältig gebrauchter Begriff, der in nahezu allen Lebensbereichen anzutreffen ist. Dazu gehören unter anderem die Betriebswissenschaft, die Informatik, die Naturwissenschaften, die Technik und natürlich auch der Bereich des menschlichen Handelns. Je nach Sachgebiet erhält auch der Informationsbegriff eine unterschiedliche Bedeutung. Dadurch ist es äußerst schwierig, eine einheitliche und allgemein gültige Definition für diesen weiträumigen Begriff festzulegen.

In der Betriebswirtschaft wird Information als zweckorientiertes bzw. zielgerichtetes Wissen aufgefasst. In der Informatik hingegen als neues Wissen über ein Ereignis, einen Tatbestand oder einen Sachverhalt und wird als Beseitigung von Ungewissheit definiert. Die Nachrichtentheorie reduziert den Informationsbegriff ganz allgemein dagegen auf Mitteilung und Nachricht. Auffällig ist dabei, dass besonders in den Wissenschaften „Information" oftmals mit dem Begriff „Wissen" gleichgesetzt wird. In der allgemeinsprachlichen Verwendung wird der Begriff jedoch als ein potenziell oder tatsächlich vorhandenes nutzbares oder genutztes Muster von Materie und/oder Energieformen verstanden, das für den Verwender innerhalb eines bestimmten Kontextes relevant ist. [vgl. 3]

Information ist somit das, was sich aus dem Zustand eines Systems für die Zustände anderer Systeme ableiten lässt.

„Information ist eine [...] gegenwarts- und praxisbezogene Mitteilung über Dinge, die uns im Augenblick zu wissen wichtig sind." [4, S.20]

2.2 Management

Management ganz allgemein wird nicht nur in Unternehmen, sondern auch außerhalb des wirtschaftlichen Geschehens praktiziert. Sobald sich mehrere Menschen zusammenschließen, um eine Aufgabe gemeinsam zu erfüllen, kann Management beobachtet werden. Als Beispiel sei hier die Planung einer privaten Geburtstagsfeier, oder aber die Sammelbestellung bei einem Online-Shop genannt. Dabei hat das Management die Aufgabe, alle Aktivitäten der einzelnen Personen so zu koordinieren, dass das resultierende Ergebnis bestmöglich mit dem im Vorhinein erwarteten Ziel übereinstimmt. Das Handeln der einzelnen Personen wird demnach durch das Management beeinflusst.

Innerhalb eines Unternehmens soll jedoch nicht alleine das menschliche Handeln beeinflusst und koordiniert werden, sondern auch die materiellen und immateriellen Güter, die diese Personen für ein spezielles Unternehmensziel einsetzen. Die Hauptaufgabe der Managements eines Unternehmens besteht somit darin, diese komplexe Kombination aus Leistungsverrichtung einzelner Mitarbeiter und den damit verbunden Gütereinsatz so zu organisieren, dass die definierten Unternehmensziele erreicht werden können. Dadurch lässt sich Management auch in allen Unternehmensbereichen und auf allen Hierarchiestufen einsetzen.

Aufgrund der Erkenntnis, dass Management die Koordination von Menschen und Gütern innerhalb eines Unternehmens herbeiführt, müssen folglich auch unterschiedliche Aspekte im Bereich des Managements gelten. Helmut Krcmar unterteilt Management in zwei Aspekte:

1. Funktionaler Aspekt
   Der funktionale Aspekt des Managements beschreibt spezielle Aufgaben oder Prozesse, die sowohl innerhalb als auch außerhalb eines Unternehmens ablaufen. Diese Aufgaben und Prozesse werden weiterhin in Personalfunktionen und Fachfunktionen unterschieden. Während sich die Aufgaben der Personalfunktionen im Wesentlichen auf soziale Faktoren - wie zum Beispiel der Integration von Mitarbeitern - beschränken, dienen Fachfunktionen eher der Realisierung von Unternehmenszielen.
2. Institutioneller Aspekt
   Dieser Aspekt stellt die Wahrnehmung der Aufgaben von Personen und Personengruppen des Managements dar. Hierzu gehören zum Beispiel die Geschäftsleitung, Führungskräfte oder auch spezielle Unternehmensstäbe.

Die Funktionen des Managements lassen sich unterschiedlich festlegen. Nachfolgend sollen jedoch wesentliche Faktoren aufgezeigt werden, welche die aufeinander aufbauende Abfolge von Aufgaben in einem Prozess innerhalb des Managements ausdrücken. [vgl. 2, S.23]

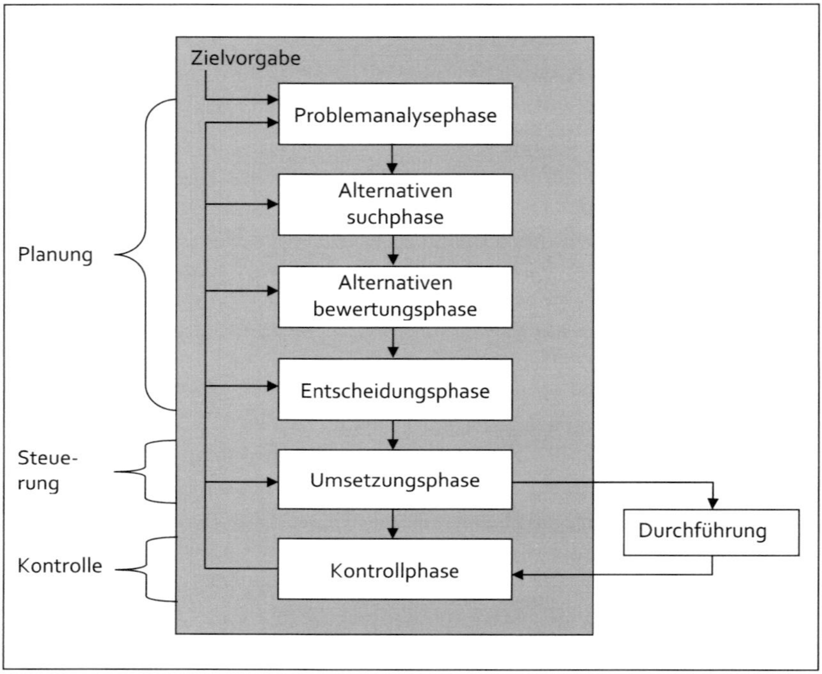

Abbildung 2: Funktionen und Prozesse des Managements nach Hahn

- **Planung** bildet den Ausgangspunkt des Managements. Hier werden Zielvorgaben getroffen, die durch die weiteren Funktionen erreicht werden sollen.
- **Steuerung** setzt die Planung voraus. Hier werden die definierten Ziele umgesetzt indem zum Beispiel geplante Aufgaben an Mitarbeiter verteilt werden.
- **Kontrolle** überwacht den Fortschritt der Aufgaben. Durch diese Funktion können gegebenenfalls Maßnahmen ergriffen werden, um Abweichungen zu korrigieren.

Durch diese Managementbestandteile können Aufgaben innerhalb des Unternehmens geplant, durch die speziellen Faktoren wie Mitarbeiter und Güter umgesetzt und schließlich auf Erfolg kontrolliert werden. All dies sind maßgebende Kriterien, um die festgelegten Unternehmensziele zu erreichen. [vgl. 5]

2.3 Informationssystem

Das Management verwendet Informationen, um Entscheidungen in allen Bereichen treffen zu können. Die Resultate aus diesen getroffenen Entscheidungen sind wiederum Informationen, die andere Menschen sowohl innerhalb als auch außerhalb des Unternehmens in ihren Tätigkeiten beeinflussen. Um diesen gesteuerten Mechanismus der Informationsgewinnung, -verarbeitung und -weitergabe innerhalb des Managements umsetzen zu können, werden sogenannte Informationssysteme integriert. [vgl. 2, S.24]

„Bei Informationssystemen (IS) handelt es sich um soziotechnische („Mensch-Maschine-") Systeme, die menschliche und maschinelle Komponenten (Teilsysteme) umfassen und zum Ziel der optimalen Bereitstellung von Information und Kommunikation nach wirtschaftlichen Kriterien eingesetzt werden." [2, S.25]

Somit trifft die Aussage zu, dass Informationssysteme den Austausch von Informationen zwischen den einzelnen Elementen eines zu betrachtenden Systems bzw. zwischen dem System und dessen Umwelt steuern. Dabei werden nicht nur Maschinen und die damit verbundene Nutzung von Daten betrachtet, auch der Mensch spielt hier eine entscheidende Rolle.

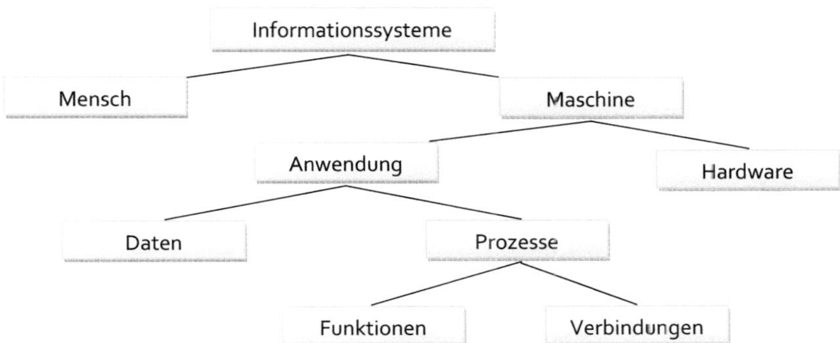

Abbildung 3: Informationssysteme als Mensch-Maschine-System nach Krcmar

Im Gegensatz zur Organisationstheorie, welche von einem „einzigen" IS innerhalb des Unternehmens ausgeht um sämtliche informationsabhängige Tätigkeiten und Aufgaben zu steuern, wird in der Wirtschaftsinformatik der Begriff Informationssystem als eine Verbindung mehrerer Module eines Systems gesehen. Das Gesamtsystem wird so in kleinere Subsysteme zerlegt. Dieses könnte u.a. aus folgenden Komponenten bestehen: [vgl. 2, S.26]

- Administrationssysteme
  Speicherung und Verarbeitung von Massendaten, die in Fachbereichen wie Controlling oder der Buchhaltung vorkommen.
- Dispositionssysteme
  Unterstützung von Entscheidungen in Unternehmensbereichen wie zum Beispiel der Materialbeschaffung oder einfachen Bestellabwicklungen.
- Entscheidungsunterstützungssysteme
  Vorbereitung von Entscheidungen für die mittlere und obere Managementebene eines Unternehmens.

2.4 Informations- und Kommunikationstechnik

Aufgrund der festgelegten Basisfunktionen (Speicherung, Verarbeitung und Kommunikation) kann Informations- und Kommunikationstechnik wie folgt definiert werden:

„Informations- und Kommunikationstechnik (IKT) ist die Gesamtheit der zur Speicherung, Verarbeitung und Kommunikation zur Verfügung stehenden Ressourcen sowie Art und Weise, wie diese Ressourcen organisiert sind." [2, S.27]

In der Literatur wird IKT oftmals mit den Begriffen Informations- bzw. Kommunikationstechnologie gleichgesetzt. Dies kommt vor allem daher, dass es in der englischen Sprache keinen direkten Ausdruck für „Technik" gibt. Alle Zusammenhänge in diesem Bereich werden mit „Technology" umschrieben, was bei Übersetzungen häufig zu Begriffsverwirrungen führt. Aufgrund dieser Feststellung kann die Informationstechnik bzw. Informations- und Kommunikationstechnik dem englischen Begriff „Information Technology" oder kurz „IT" zugeordnet werden, was jedoch in der gängigen Sprache eher den Oberbegriff der allgemeinen Informations- und Datenverarbeitung bezeichnet. [vgl. 2, S.28]

Des Weiteren lassen sich IS in unterschiedliche Bereiche aufteilen. So kann einerseits zwischen betrieblichen und überbetrieblichen, andererseits zwischen branchenspezifischen und branchenübergreifenden IS unterschieden werden. Der Einsatz eines Warenwirtschaftssystems in einem

Baumarkt wäre ein Beispiel für ein branchenspezifisches System, während eine allgemeine Buchhaltungssoftware in jeder Branche eingesetzt werden kann.

2.5 Technologie

Die Technologie beinhaltet bestimmte Faktoren der Technik (zum Beispiel Werkzeuge oder Geräte), Faktoren der Logistik, sowie die materiellen und organisatorischen Voraussetzungen zu deren Anwendung. Häufig wird der Technologiebegriff mit Technik verwechselt. Spricht jemand im Zusammenhang mit Fahrzeugen von eingesetzter „Technologie", ist in aller Regel die eigentliche Fahrzeugtechnik gemeint. Diese Verwechslung der Begriffe ist oftmals keine Absicht, sondern eher die Folge einer schlechten Übersetzung.

„Technologie beschreibt die Gesamtheit der anwendbaren und tatsächlich angewendeten Arbeits-, Entwicklungs-, Produktions- und Implementierungsverfahren der Technik" [5, S.154]

Laut dieser Definition wird unter Technologie nicht nur die eigentliche Technik, sondern auch allgemeine Verfahren verstanden, die zu einer Umsetzung dieser Technik benötigt werden. Des Weiteren umfasst der Technologiebegriff Methoden, Techniken und Werkzeuge für die Systemplanung. Dabei legt sie einen festen Rahmen einerseits für die gesamte Planung und andererseits für die Ausführung der geplanten Tätigkeiten fest. Dieser Rahmen muss vom Management in jedem Bereich berücksichtigt werden. [vgl. 5, S.154]

3 Einführung Informationsmanagement

Innerhalb der umfangreichen Literatur zum Themengebiet **Informationsmanagement (IM)** sind die verschiedensten Ansätze zu finden. Die Definition des Begriffes IM ist abhängig von dem jeweiligen Bereich (z.B. Betriebs- oder Informationswissenschaft), in welcher der Begriff und die damit verbundenen Konzepte und Techniken angewendet werden. Eine allgemeingültige Definition lässt sich demnach auch nur sehr schwer festlegen. Nach Krcmar lässt sich IM jedoch wie folgt erklären:

„Informationsmanagement (IM) ist ein Teilbereich der Unternehmensführung, der die Aufgabe hat, den im Hinblick auf die Unternehmensziele bestmöglichen Einsatz der Ressource Information zu gewährleisten.“ [2, S.1]

In diesem Zusammenhang lässt sich IM als Planung, Steuerung und Kontrolle von Informationen beschreiben. **Informationssysteme (IS)**, sowie **Informations- und Kommunikationstechniken (IKT)** unterstützen dabei die gesamte Informationsverwaltung und werden deshalb auch als feste Bestandteile des IM angesehen.

Über den genauen Einsatz eines erfolgversprechenden IM waren sich Anwender lange Zeit nicht ganz im Klaren. Zum einen sollte über die Koordination der Informationsströme die Koordination der Leistungserstellung erreicht werden. Des Weiteren sollte Informationsmanagement Geschäftsprozesse unterstützen bzw. überhaupt ermöglichen. Aber egal, welche Aufgaben dem IM auch zugesprochen werden, über das primäre Ziel, nämlich eine Produktivitätsverbesserung in verschiedenen Bereichen, war man sich einig.

Nachdem jedoch vor allem in den 90er Jahren verschiedene Untersuchungen und Statistiken feststellten, dass Produktivitätsverbesserungserwartungen durch den Einsatz von IKT nicht eintraten, brachen allgemeine Diskussionen über die sinnvolle Verwendung von IM aus. Man erkannte jedoch schnell, dass der Einsatz von IKT nicht generell als unproduktiv abgestempelt werden kann. Das Problem lag viel mehr an der zu hohen Produktivitätserwartung. Zusätzlich wurde deutlich, dass nicht der alleinige Einsatz von IKT Produktivitätsgewinne liefert, sondern die entsprechende Nutzung. Dies wird in der Aussage deutlich, dass nicht durch den prinzipiellen Einsatz von Computern Produktivitätsfortschritte erreicht werden können, sondern durch die gezielte Verwendung von Computern bei bestimmten Arbeitsabläufen bzw. Geschäftsprozessen. [vgl. 2, S.2]

Eine weitere wichtige Rolle wird dem IM in der Koordination des Unternehmens zugesprochen. Hierbei werden nicht nur die strategischen Unternehmensziele, sondern auch sämtliche innerbetriebliche Funktionen unterstützt. Mittlerweile kann IM als eine zentrale Unternehmensaufgabe betrachtet werden, die stetig an ihrer Bedeutung gewinnt. Dies spiegelt sich auch in aktuellen Ansätzen zum Wissensmanagement wieder. Viele dieser Ansätze bauen auf IKT, um größere Mengen an „Wissen" zu verwalten.

Vor allem dieser systematische Umgang mit Unternehmenswissen ist für das IM nicht immer unproblematisch. Nicht nur die große Menge explizierten Wissens, sondern auch die Vereinheitlichung verschiedener Interpretationsmöglichkeiten ist für das gesamte Informationsmanagement eine große Herausforderung. [vgl. 2, S.2]

Dessen ungeachtet, sind sich Experten einig, dass die Voraussetzung einer erfolgreichen Unternehmensführung sowohl die unternehmensinterne Informationsverwaltung, als auch der extern ausgerichtete Austausch von Information ist. Dennoch ist die zielgerichtete Nutzung von Informationen vielen Unternehmen immer noch nicht bewusst.

Dabei stellt ein gut strukturiertes IM erhebliche Vorteile im gesamten Wirtschaftsumfeld eines Unternehmens dar. Nicht nur Wettbewerbsvorteile gegenüber Mitbewerbern in der freien Wirtschaft, sondern auch allgemeine Nutzen wie zum Beispiel Prozessoptimierung, Gewinne oder Kostenersparnisse können dadurch erzielt werden.

IM reduziert auch in den Informationserhaltungsprozess unnötig involvierte Mitarbeiter und setzt dabei erhebliche neue Ressourcen für weitere Tätigkeiten frei. Dies kann die Arbeit eines Unternehmens deutlich verbessern. Informationsmanagement beschleunigt Entscheidungsprozesse im hohen Maße, in dem die erforderlichen Informationen zu Entscheidungen annähernd sofort bereitgestellt werden. Gesammelte Informationen können angepasst, erweitert und qualifiziert werden. Damit reduziert ein Unternehmen falsche oder veraltete Informationen. Informationsaspekte können durch ein strukturiertes IM zusammengefasst werden. Dies bedeutet lückenlose Recherche von benötigten Informationen durch die Mitarbeiter. Gesetzliche Bestimmungen werden eingehalten. [vgl. 6]

Informationsmanagement heißt aber auch, Mitarbeiter zu motivieren, an diesem Prozess teilzunehmen und den dauerhaften, aber minimalen Mehraufwand im Licht des Nutzens für das gesamte Unternehmen zu sehen. Denn ohne die regelrechte Anwendung der durch das IM integrierten Systeme und Techniken ist der Erfolg aussichtslos.

3.1 Ziele des Informationsmanagements

Genaue Ziele des Informationsmanagements können nicht allgemein festgelegt werden. Diese müssen anhand von Abhängigkeiten des Leistungspotentials der Informationsinfrastruktur, der erforderlichen Erfolgspotentiale und aus dem daraus resultierenden Stellenwert des gesamten Informationsmanagements abgeleitet werden.

Im deutschsprachigen Raum greifen Heinrich und Burgholzer 1987 zum ersten Mal das Thema Informationsmanagement auf. Sie sehen den eigentlichen Sinn des IM in der Leitungsfunktion von Information und Kommunikation. Obwohl - wie bereits erläutert - Ziele des IM einen unternehmensspezifische Hintergrund besitzen, teilen Heinrich und Burgholzer dem IM zwei Zielbereiche zu. Dazu gehören einerseits Sachziele, und andererseits Formalziele.

„Generelles Sachziel des Informationsmanagements ist es, das Leistungspotenzial der Informationsfunktion für die Erreichung der strategischen Unternehmensziele durch die Schaffung und Aufrechterhaltung einer geeigneten Informationsinfrastruktur in Unternehmenserfolg umzusetzen. Dabei ist das Informationsmanagement nicht nur auf die Nutzbarmachung des innerbetrieblich vorhandenen Leistungspotentials (Innensicht im Sinne von Rationalisierung ausgerichtet, sondern auch auf die Nutzbarmachung des außerbetrieblich vorhandenen Leistungspotentials (Außensicht im Sinn von Beeinflussung kritischer Wettbewerbsfaktoren)." [5, S.21]

„Generelles Formalziel des Informationsmanagements ist Wirtschaftlichkeit; die Erreichung des Sachziels des Informationsmanagements soll so erfolgen, dass bei gegebenen Kosten der Informationsinfrastruktur der realisierte Nutzen maximal ist bzw. dass bei einem gegebenen Nutzen der Informationsinfrastruktur ihre Kosten minimal sind. Wirtschaftlichkeit kann kurz- bis mittelfristig für einzelne Komponenten der Informationsinfrastruktur durch Wirksamkeit ersetzt, langfristig durch Wirksamkeit ergänzt werden.„ [5, S.21]

3.2 Konzepte des Informationsmanagements

Erfolgversprechende Konzepte für IM gibt es in ausreichender Menge. Viele dieser Konzepte gehen dabei auf das 1981 von Horton eingeführte Information Ressources Management zurück, obwohl seitdem einige neue Konzepte und Begriffe wie zum Beispiel Informationsmanagement oder Informatikmanagement eingeführt wurden. Die moderne Literatur spricht dagegen eher von IT-Management. [vgl. 2, S.28]

Horton legte damals auch schon fest, für welche Aufgaben Informationsmanager verantwortlich sind. Hierzu gehören unter anderem die effiziente und effektive Behandlung der benötigten Informationen und Informationswerkzeuge.

In den folgenden Abschnitten werden drei verschiedene Konzepte zum IM vorgestellt, die jeweils ihre eigene Sicht auf Information und IM besitzen. Zuerst sollen die problemorientierten Ansätze genannt und dargestellt werden. Der zweite Bereich dieser Ansätze beschäftigt sich mit dem aufgabenorientierten Konzept. Letztendlich werden noch die prozessbezogenen Ansätze vorgestellt.

3.2.1 Problemorientierte Ansätze

Beim problemorientierten Ansatz wird zuerst das Unternehmen in zwei Bereiche aufgeteilt. Diese Bereiche setzen sich zum einen aus dem „Nutzer-Bereich" und zum anderen aus dem „DV-Bereich" zusammen. Jeder Bereich hat seine eigenen Planungsanforderungen. Diese Anforderungen innerhalb der Bereiche werden durch sogenannte Planungsprozesse (übergreifend) miteinander verbunden. Auffällig hierbei jedoch ist, dass die Verbindungen in den zwei Bereichen entgegengesetzt verlaufen. Nachfolgende Abbildung soll diesen Aufbau verdeutlichen.

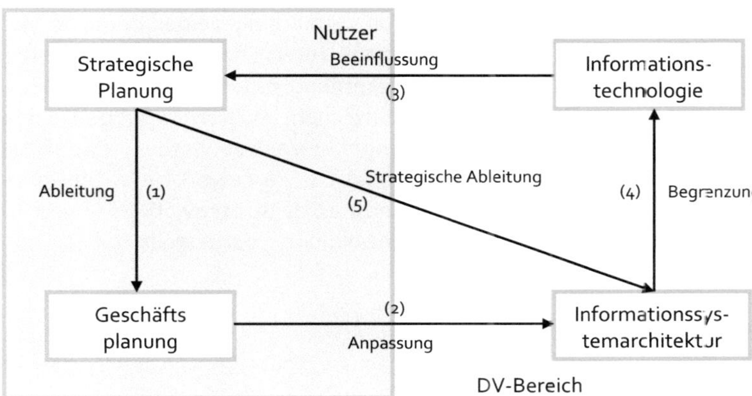

Abbildung 4: Die Beeinflussung von Technologie- und Geschäftssphäre nach Krcmar

Wie in der obigen Abbildung zu sehen ist, werden innerhalb der zwei Bereiche fünf Prozesse voneinander unterschieden. Die Ableitung aus der strategischen Planung (1) liefert eine Grundlage für die gesamte Geschäftsplanung.

Durch diese Geschäftsplanung bzw. -ziele wird die bereits bestehende Informationssystemarchitektur mit Hilfe der IT angepasst und optimiert (2). Probleme können jedoch auftreten, wenn zum Beispiel der IT-Bedarf schneller wächst als die Umsetzung dauert oder aber der IT-Bedarf erst während der Umsetzung entsteht. Deshalb kommt hier der nächste Prozess, nämlich die Beeinflussung der Unternehmensstrategie durch die bestehende Informationstechnologie (3), zum Einsatz. Strategische Planungen können sich im Laufe der Zeit durch bestimmte Faktoren verändern. Zu diesen Faktoren zählt natürlich auch die IT.

Dabei werden strategische Planungen nicht alleine von der Technik, sondern vielmehr von der Nutzung dieser Technik beeinflusst. Diese Beeinflussung der Strategie ist natürlich an technische Grenzen gebunden (4), die innerhalb des nächsten Prozesses dargestellt werden. Mit technischen Grenzen ist in diesem Fall nicht nur der technische Entwicklungsstand gemeint, sondern auch der Qualifikationsstand der Mitarbeiter, die diese Technik nutzen. Ist diese Architektur der begrenzenden Faktoren für die Unternehmensstrategie bekannt, kann die strategische Ableitung der Informationssystemarchitektur direkt mit der Geschäftsstrategie verbunden werden (5). Die Bedeutung dieses Ansatzes liegt vor allem darin, die unzertrennliche Verbindung zwischen Nutzer und Bereitsteller von IT darzustellen. Technische Faktoren beeinflussen strategische Anwendungen genauso, wie strategische Planungen die IS-Infrastruktur. [vgl. 2, S.30]

Nach Earl (1996b, S. 485ff) wird die Verbindung beider Bereiche noch konkreter aufgefasst. Für eine effektive Unterstützung der Organisation durch die IT ist eine optimale Abstimmung notwendig. Um diese Abstimmung (auch „Fit“ genannt) zu erreichen, müssen die gegenseitigen Abhängigkeiten und Wechselwirkungen ermittelt werden. Earl führte hierzu das sogenannte „Organizational Fit Framework“ ein. Dieses besteht aus den Komponenten Organizational Strategy, IS-, IT- und IM-Strategy. Dieses Framework wird in Abbildung 5 dargestellt.

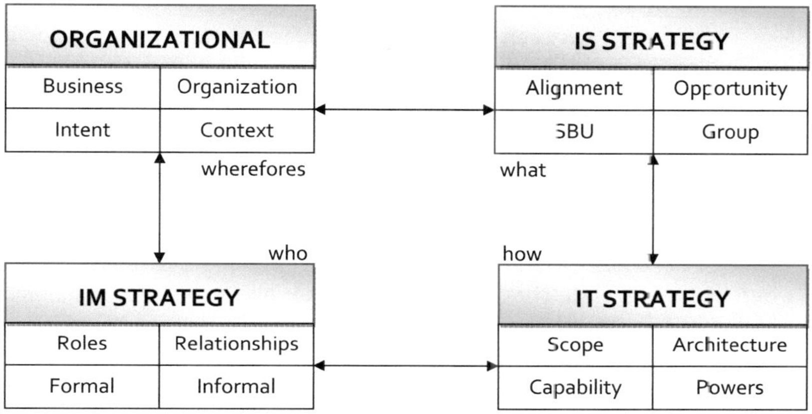

Abbildung 5: Organization Fit Framework nach Earl

Alle vier Bereiche werden in wiederum vier Sektoren unterteilt, die für Erreichen des Organizational Fits zwar nicht zwingend, aber dennoch notwendig sind. Die Verbindungen der einzelnen Sektoren symbolisiert die Input-Output-Beziehung. Nachfolgend wird jeder einzelne Sektor separat vorgestellt.

1. Organizational Strategy
   Dieser Sektor gibt die Struktur bzw. den Aufbau für die Strategien der verschiedenen Unternehmensebenen innerhalb der definierten Rahmenbedingungen vor. Er liefert wichtige Informationen, welche die Entscheidungen in allen anderen drei Sektoren beeinflussen.

2. IS-Strategy
   Innerhalb dieses Bereichs wird einerseits geklärt, welche Anwendungen für eine optimale Unterstützung der Unternehmensstrategie geeignet sind und andererseits, wie der Einsatz bestimmter Technik innovativ genutzt werden kann, um neue Produkte oder Prozesse zu ermöglichen. Dies erfolgt nicht nur auf der gesamten Unternehmensebene, sondern auch auf bestimmte Teilbereiche.

3. IT-Strategy
   Die IT-Strategy entscheidet, welche aktuellen und zukünftigen Techniken innerhalb der geplanten Strategie Anwendung finden. Hierdurch wird eine Architektur erschaffen, die eine Integration von bereits bestehenden oder auch neuen IKT gewährleistet.

4. IM-Strategy
   In diesen Sektoren werden die einzelnen Rollen und Verantwortlichkeiten, sowie die daraus resultierenden Beziehungen innerhalb als auch außerhalb des IS definiert und festgelegt. Auch die Ergebnisse der IM-Strategy haben wiederum Einfluss auf die anderen Sektoren.

Das Organizational Fit Framework liefert nicht nur einen Überblick über die unterschiedlichen Perspektiven des IM, es zeigt auch die Wechselwirkungen der einzelnen Sektoren. Auch Konzepte wie das Alignment fließen hier mit ein, welche jedoch nach Earl nur einen Gesichtspunkt innerhalb der IS-Strategy darstellen. Des Weiteren ist in diesem Ansatz ein Analyseraster für die Kontrolle des „Organizational Fits" zwischen IT und Organisation zu sehen.

3.2.2 Aufgabenorientierte Ansätze

Schwerpunkt des IM soll hiernach nicht das Management an sich, sondern die Informationsfunktion sein. Hierfür unterteilt Heinrich die Aufgaben des IM in die Bereiche strategisch, administrativ und operativ. Diese Arbeitsgebiete werden in den folgenden Absätzen genauer dargestellt und erläutert.

Strategische Aufgaben	Administrative Aufgaben	Operative Aufgaben
• Strategische Situationsanalyse • Strategische Zielplanung • Strategieentwicklung • Strategische Maßnahmen-planung • Strukturmanagement • Qualitätsmanagement • Technologiemanagement • Controlling • Revision	• Projektmanagement • Personalmanagement • Datenmanagement • Lebenszyklusmanagement • Vertragsmanagement • Sicherheitsmanagement • Katastrophenmanagement	• Servicemanagement • Produktionsmanagement • Problemmanagement

Tabelle 1: Aufgaben des IM nach Heinrich

3.2.2.1 Strategische Aufgaben

Der erste Teil dieses Ansatzes beschäftigt sich mit den strategischen Aufgaben. Der Kern liegt hier vor allem in der strategischen Planung der Informationsinfrastruktur, auch IT-Planung genannt, die sich aus den ersten vier Bereichen zusammensetzt. Die restlichen Aufgaben besitzen zwar primär ebenfalls einen strategischen Charakter, widmen sich jedoch auch operativen bzw. administrativen Aufgaben.

- Strategische Situationsanalyse
  Die strategischen Aufgabenbereiche werden durch die strategische Situationsanalyse eingeleitet. Diese hat den Zweck, die strategische Rolle der Informationsfunktion innerhalb des Unternehmens zu bestimmen und die inner- bzw. außerbetrieblichen Bedingungen einer Informationsinfrastruktur zu erkunden. Genauer gesagt, wird hier der Ist-Zustand der Informationsstruktur ermittelt. Diese Analyse ist Voraussetzung für die darauffolgende strategische Zielplanung. [vgl. 5, S.76-78]

- Strategische Zielplanung
  Durch die gewonnenen Erkenntnisse der strategischen Situationsanalyse wird eine exakte Definition der strategischen IT-Ziele erarbeitet. Durch diese entwickelten IT-Ziele wird der gesamte Handlungsspielraum der nachfolgenden Aufgaben festgelegt. Des Weiteren stellt dieser Handlungsspielraum auch gleichzeitig das Erfolgspotential dar, welches durch die spätere strategische Maßnahmenplanung noch detaillierter definiert wird. Die strategische Zielplanung ist somit ein Hilfsmittel für die Suche, den Aufbau und die Erhaltung von Erfolgspotential. [vgl. 5, S.88-89]

- Strategieentwicklung
  Dritte Aufgabe der strategischen IT-Planung ist es, durch die vorher festgelegten IT-Ziele eine strukturierte IT-Strategie zu entwickeln und von Periode zu Periode anzupassen bzw. weiter zu entwickeln. Mit IT-Strategie ist hier die Art und Weise gemeint, wie die definierten IT-Ziele durch die bestimmten Handlungen umgesetzt werden sollen. Sie dient als Schnittstelle zwischen der strategischen Zielplanung und der strategischen Maßnahmenplanung. [vgl. 5, S.98-100]

- Strategische Maßnahmenplanung
  Der vierte Punkt, und damit der letzte innerhalb der IT-Planung, befasst sich mit den strategischen Maßnahmen zur Umsetzung der festgelegten Strategie. Dabei wird von den Ergebnissen der strategischen Situationsanalyse, der strategischen Zielplanung und von der Strategieentwicklung ausgegangen. Hierbei werden jedoch nicht nur allgemeine Maßnahmen im Hinblick auf das Erreichen der IT-Strategie entwickelt, sondern auch spezielle Details wie zum Beispiel die Budgetplanungen ausgearbeitet. [vgl. 5, S.114-116]

- Strukturmanagement
  Nach Abschluss der IT-Planung kommt das Strukturmanagement zum Einsatz. Es sollen vor allem Aufgaben, Ressourcen und Entscheidungskompetenzen der Informationsinfrastruktur optimal verteilt werden. Um diese optimale Verteilung zu gewährleisten, wird ein Rahmen erschaffen, der allen Beteiligten ein zielgerechtes Handeln ermöglicht. Hier werden auch strukturorganisatorische Fragen, wie zum Beispiel die Vorteile einer Auslagerung von bestimmten Aufgaben in externe Firmen geklärt und durchgeführt. [vgl. 5, S.127]

- Qualitätsmanagement
  Das Qualitätsmanagement QM, früher auch als Qualitätssicherung QS bezeichnet, ist nach ISO 8402 eine Managementmethode, „die Qualität in den Mittelpunkt stellt und durch Kundenzufriedenheit den Unternehmenserfolg langfristig sichert". Die Aufgabe des QM im Bereich der Informationsinfrastruktur liegt vor allem darin, strategische Qualitätsziele zu setzen und dadurch ein unternehmensspezifisches Rahmenkonzept zu erstellen, das für alle qualitätsbezogenen Tätigkeiten Anwendung findet. [vgl. 5, S.141]

- Technologiemanagement
  Ziel des Technologiemanagements ist es, den technischen Veränderungsbedarf von Geschäftsprozessen anhand Funktionalität und Leistung zu ermitteln und durch den Einsatz von IKT zu decken. Dabei werden zwei bereits vorgestellte Bereiche verwendet: Einerseits setzt das Technologiemanagement eine Form der Maßnahmenplanung ein, dessen Ergebnis als strategischer Technologieeinsatzplan bezeichnet werden kann und andererseits, die ebenfalls bereits vorgestellte IT-Planung, die den Handlungsspielraum der Aufgabenträger des administrativen Technologiemanagements bestimmt. Mit administrativen Aufgaben sind hier zum Beispiel die Technologiebeschaffungen aufgrund Technologieeinsatzentscheidungen gemeint. [vgl. 5, S.154-155]

- Controlling
  Die Informationsstruktur sowie alle Prozesse, die mit dieser Struktur unmittelbar zusammenhängen, müssen generell überwacht, gesteuert und wieder neu geplant werden. Diese umfangreichen Aufgaben übernimmt das Controlling. Es liefert den Führungskräften des Informationsmanagements die benötigten Informationen, um diese genannten Tätigkeiten ausführen zu können. Genau aus

diesem Grund wird es häufig mit der im nächsten Abschnitt erklärten Revision verwechselt bzw. gleichgestellt. [vgl. 5, S.169-170]

- Revision
  Wie schon angedeutet, bestehen zwischen dem Controlling und der Revision bestimmte Gemeinsamkeiten, die in manchen Fällen zur Namensverwirrung führt. Während das Controlling eher den allgemeinen Überwachungscharakter besitzt, soll die Revision in erster Linie helfen, Fehler zu vermeiden. Dennoch hat auch sie eine Überwachungs- und Prüfungsfunktion. Zu dieser Überwachungsfunktion gehört unter anderem die Kontrolle über die Einhaltung gewisser unternehmensexterner (z. B. Gesetze) als auch unternehmensinterner Regelungen und Vorschriften. [vgl. 5, S.180]

3.2.2.2 Administrative Aufgaben

Der zweite Bereich dieser hier vorgestellten aufgabenorientierten Ansätze beschäftigt sich mit den administrativen Aufgaben. Diese beinhalten einerseits bestimmte Komponenten und andererseits spezielle Eigenschaften der Informationsinfrastruktur.

- Projektmanagement
  Die hauptsächliche Aufgabe des Projektmanagements ist es, die Schaffung und/oder die Veränderung der Informationsinfrastruktur zu gewährleisten. Aufgaben dieser Art werden auch als IT-Projekte gedeutet. Beispiele solcher IT-Projekte können unter anderem die Beschaffung von Hard- und Software, aber auch die Schaffung von veränderten Informationssystemen sein. [vgl. 5, S.196]

- Personalmanagement
  Das Personalmanagement umfasst alle Führungsaufgaben der Personalwirtschaft für das eingesetzte Personal, dessen Aufgaben in den Bereichen der Planung, Überwachung und auch Steuerung der Informationsinfrastruktur liegen. Somit wird das gesamte Personal, das im Zusammenhang mit den oben genannten Aufgaben steht, als Objekt des Personalmanagements (IT-Personal) betrachtet. [vgl. 5, S.213]

- Datenmanagement
  Die Aufgabe des Datenmanagements liegt in erster Linie darin, auf Grundlage der Datenarchitektur alle für das Unternehmen relevanten Daten (sowohl einzelne Dateien als auch Datenbanken) zu planen, zu steuern und letztendlich auch zu überwachen. Ziel dabei ist es, diese relevanten Daten den einzelnen Aufgabenträgern zur In-

formationsversorgung zur Verfügung zu stellen. Darüber hinaus erhält das Datenmanagement noch die Aufgabe, das unternehmensweite Datensystem zu pflegen und auch zu warten. [vgl. 5, S.223]

- Lebenszyklusmanagement
  Durch das Lebenszyklusmanagement (oftmals in der Praxis auch als Produktmanagement bezeichnet) wird eine Planung, Steuerung und Überwachung von Objekten über einen bestimmten Zeitverlauf geregelt. Grundlage für diesen Managementbereich bildet die Lebenszyklustheorie, die eigentlich als Instrument zur Analyse der Entwicklung von Produkten eingesetzt wird. Im Bereich des IM kann jedoch das Lebenszyklusmanagement in vielen Bereichen eingesetzt werden. Als Beispiel soll hier der Einsatz eines bestimmten Anwendungssystems genannt werden, das eventuell nach einer genauen Planung nur für eine festgelegte Zeit eingesetzt wird. [vgl. 5, S.236-237]
- Vertragsmanagement
  Das Vertragsmanagement beschäftigt sich mit allen Aufgaben, die einen vertraglichen Hintergrund besitzen. Damit sind unter anderem die Gestaltung von Rechtsbeziehungen zwischen Unternehmen und Auftraggebern für Produkte und Dienstleistungen gemeint. Auf Grund der stetig anwachsenden IK-Technologien und der verbundenen Tätigkeiten (zum Beispiel Outsourcing von bestimmten Aufträgen) wächst der Vertragsbestand innerhalb der Unternehmen kontinuierlich an. Daraus folgt, dass nicht nur die Anzahl der benötigten Verträge steigt, sondern auch deren Bedeutsamkeit. In diesem Zusammenhang steuert das Vertragsmanagement die Gestaltung, den Abschluss und auch das Fortschreiten von Verträgen. [vgl. 5, S.248]
- Sicherheitsmanagement
  Durch den Einsatz (moderner) IK-Technologien in nahezu allen Unternehmensbereichen müssen bestimmte Sicherheitsvorkehrungen getroffen werden, welche die gesamte Informationsinfrastruktur schützen. Diese Aufgabe übernimmt das Sicherheitsmanagement. Als Synonym wird hier oftmals auch der Begriff IT-Sicherheit verwendet. Zu den Aufgaben des Sicherheitsmanagements gehören unter anderem Komponenten wie die allgemeine Datensicherheit bzw. Datenbanksicherheit oder auch bestimmte Aktionen der Komponenten wie zum Beispiel die Transaktionssicherheit. Um dies zu gewährleisten, werden strategische Sicherheitsziele geplant, umgesetzt, weiterentwickelt und überwacht. [vgl. 5, S.259]

- Katastrophenmanagement
  Das Katastrophenmanagement zielt auf Schäden an der Informationsinfrastruktur ab. Dabei werden Schäden betrachtet, deren Eintrittswahrscheinlichkeit niedrig und deren Auswirkungen als bedeutsam bzw. groß eingestuft werden. Mit bedeutsam ist in diesem Zusammenhang gemeint, dass Teile oder sogar die ganze Informationsinfrastruktur beschädigt/zerstört wird oder das Leben/Gesundheit von Mitarbeitern gefährdet werden könnte. Ziel dabei ist es, eine Art Notfallplan zu erarbeiten, der die Herstellung und Erhaltung eines „Überlebenszeitraumes" des Unternehmens ohne Informationsinfrastruktur sicherstellt. [vgl. 5, S.274]

3.2.2.3 Operative Aufgaben

Im Gegensatz zu den administrativen Aufgaben, liegt der Schwerpunkt bei den operativen Aufgaben in der Planung, Steuerung und Überwachung der Nutzung der Informationsinfrastruktur. Dies bedeutet, dass eine bestimmte Basis der Informationsinfrastruktur vorliegt und diese auch nicht verändert werden kann. Die operativen Aufgaben werden innerhalb des Handlungsspielraumes getätigt, der durch die Maßnahmen und Entscheidung der administrativen Aufgaben festgesetzt wurde.

- Servicemanagement
  Wie schon erläutert, wird die Anpassung der IT an wechselnde Anforderungen durch den Prozess der strategischen Planung geregelt. Diese IT-Prozesse müssen wiederum geplant, gesteuert und überwacht werden. Hier klinkt sich das Servicemanagement ein. Da in der heutigen Zeit Geschäftsprozesse ohne die Hilfe bestimmter IK-Technologien nicht mehr bewerkstelligt werden können, zielt die Unterstützung des Servicemanagements auf diese Prozesse ab. [vgl. 5, S.290]

- Produktionsmanagement
  Innerhalb einer bereits bestehenden Informationsinfrastruktur werden Betriebsmittel benötigt, die durch das Produktionsmanagement geplant, überwacht und gesteuert werden. Zu den Betriebsmitteln zählen hier nicht nur die in den IT-Abteilungen installierten Basissysteme (Hard-/Software) und Maschinen (zum Beispiel Server, etc.), sondern auch die in den jeweiligen Fachabteilungen installierten Peripheriegeräte (insbesondere Monitore, Drucker, etc.) und Netze. Zwar werden durch die stetige Weiterentwicklung der Systeme (Betriebssysteme, etc.) und auch der Benutzer viele manuell getätigte Prozesse automatisiert, was wiederum

zu neuen Aufgaben des Produktionsmanagements (Netzwerkadministration, Benutzerservice) führt. Dadurch zählt das Produktionsmanagement zu einem der wichtigsten Tätigkeitsfelder der operativen Aufgaben. [vgl. 5, S.302]

- Problemmanagement
  Ein Problem wird im Rahmen des Problemmanagements als ungeplantes Ereignis definiert, das zu einer Fehlfunktion innerhalb der Informationsinfrastruktur führen kann. Dabei hat das Problemmanagement die Aufgaben, Fehlfunktionen oder Störungen rechtzeitig zu erkennen und diese - falls solche erkannt werden - schnellstmöglich zu beseitigen. Des Weiteren soll durch das Problemmanagement Wissen gewonnen werden, das für strategische Maßnahmen genutzt werden kann. Ziel ist es, die bestehende Informationsinfrastruktur gegen Fehlfunktionen und Störungen unempfindlich zu machen. [vgl. 5, S.315-316]

3.2.3 Prozessorientierte Ansätze

Im Folgenden werden drei verschiedene Modelle der prozessorientierten Ansätze vorgestellt. Dabei handelt es sich um das ISM, die CobiT und das ITIL.

3.2.3.1 ISM

Noch anschaulicher als die oben genannten Aufgabenlisten ist das Konzept des Information Systems Management (ISM). Dieses wurde bereits in den 80er Jahren von IBM - aufbauend auf dem Konzept des St. Galler ISM – als Rahmen für IM-Aktivitäten entwickelt.

Strategische Ebene		
	• Strategische Planung und Steuerung • Strategische Geschäftspla-nung • IS-Architekturen-Erstellung • Strategische IS-Planung und Steuerung	
Taktische Ebene		
Entwicklungs-Planung • Anwendungs-Planung • Daten-Planung • System-Planung • Projekt-Planung	***Management-Planung*** • Management-System-Planung • Management-System-Überwachung	***Informations-Service-Planung*** • Service-Marketing-Planung • Servicegrad-Planung • Wiederanlauf-Planung • Datenschutz / Sicherheits-Planung • Revisions-Planung
	Ressourcen-Planung • Kapazitäts-Planung • Budget-Planung • Personal-Planung • Management des taktischen IS-Planes	
Operationale Ebene		
Informations-Service-Steuerung • Projekt-Nominierung • Projekt-Detailplanung • Projekt-Steuerung • Projekt-Anforderungen Steue-rung • Projekt-Abschlussbewertung	***Entwicklungs- und Wartungs-Steuerung*** • Änderungssteuerung • Ressourcen-Bestands-Steuerung	***Ressourcen-Steuerung*** • Produktions- und Verteilungs-Detailplanung • Ressourcen-Produktivitätssteuerung • Problem-Steuerung • Service-Bewertung
Entwicklung und Wartung • Anwendungs-/Software-Entwicklung und Erweiterung • Anwendungs-/Software-Beschaffung und Anpassung • Hardware-/ Einrichtungen, Installation u. Erweiterung • Wartung • System-Optimierung (Tuning) • Management-System-Entwicklung und Erweiterung	***Administrative Dienste*** • Finanzielle Administration • Schulung / Training • Mitarbeiter Produktivität	***Informations-Services*** • RZ-Produktion • Verteilung • Benutzerunterstützung • Service-Marketing

Tabelle 2: IS-Management Prozess nach IBM

Wie in der Tabelle 2 zu sehen ist, wird das Informationsmanagement in elf Aktivitätenblöcke mit insgesamt 42 Teilaufgaben auf der strategischen, taktischen und operativen Ebene gegliedert. Jede einzelne Aufgabe wird als eigenständiger Prozess angesehen. Somit wird der Gesamtprozess des IM in viele detailierte Einzelprozesse zerlegt und voneinander getrennt. In den Mittelpunkt rückt dabei die Ressourcen-Planung, die als Schnittstelle zwischen der Planung und der Umsetzung steht.

Österle (1987) entwickelte ein Teilmodel für die Integration der Informatik in die Unternehmensleitung. Er unterscheidet dabei folgende Gesichtspunkte:

- Informatikorientierte Unternehmensführung
- Management des Informationssystems
- Management der Informatik

Schwerpunkt liegt hierbei in der strikten Trennung von Management der Informatik und Management der IS. Nachfolgende Abbildung stellt das St. Galler ISM vor. Unterschieden werden hier die fünf Bereiche IS-Konzept, Architektur, IS-Projektportfolio, IS-Projekt und IS-Betreuung. Jede Ebene besitzt wiederum einen Planungs-, Verabschiedungs-, Umsetzungs- und Kontrollzyklus. [vgl. 2, S.37]

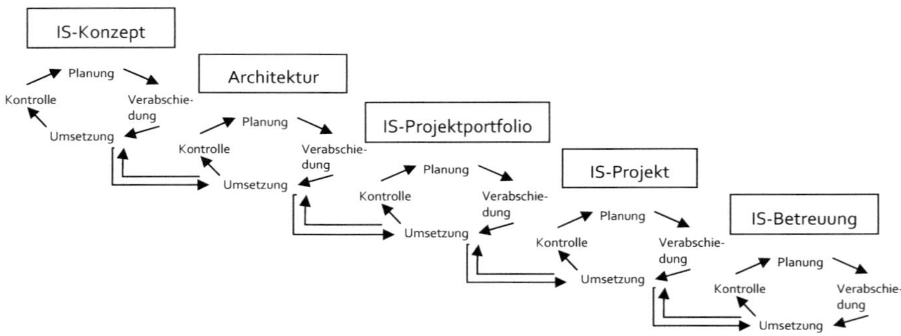

Abbildung 6: St. Galler Informationssystem-Management

„Am Ansatz des St. Galler ISM ist besonders hervorzuheben, dass Geschäftsbereiche und ihre Zielsetzungen explizit berücksichtigt werden. Kennzeichnend für das ISM-Konzept sowohl von IBM als auch von Österle/Brenner/Hilbers (1992) ist die genaue Beschreibung von Sollabläufen mit der Bezeichnung der für die einzelnen Teilaufgaben zuständigen Institutionen. Allerdings werden die Inhalte der durchzuführenden Aufgaben und die Methoden zu ihrer Durchführung nicht beschrieben." [2, S.37]

3.2.3.2 CobiT

Die CobiT (Control Objectives for Information and Related Technology) sind Modellrahmen für die Planung und Steuerung des Einsatzes von Informationstechnik. Auch dieses Konzept basiert auf einem Prozessmodell.

Dabei werden insgesamt 34 verschiedene Prozesse auf die vier Bereiche Planung & Organisation, Beschaffung & Implementierung, Betrieb & Support und Überwachung aufgeteilt. Für jeden einzelnen IT-Prozess werden Anforderungen hinsichtlich ihrer Umsetzung beschrieben. „Durch CobiT sollen die IT-Systeme und IT-Aktivitäten auf die Geschäftsziele ausgerichtet und die dafür relevanten Anforderungen hinsichtlich Qualität, Sicherheit und des treuhändischen Umgangs mit Informationen erfüllt werden." *[2, S.38]*

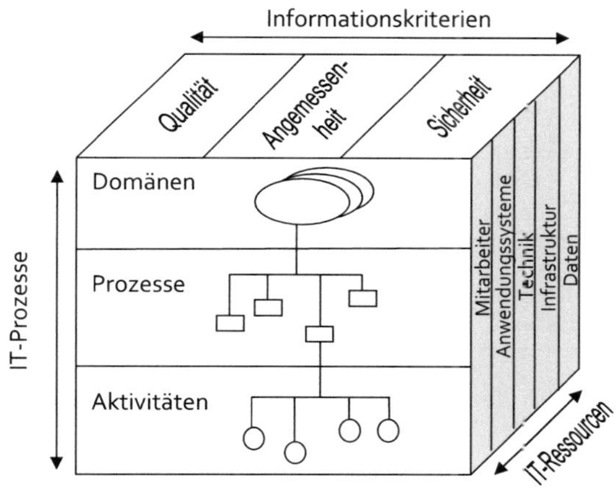

Abbildung 7: CobiT-Würfel

Umfang und Ziele dieses Modells werden anhand der Abbildung 6 (CobiT-Würfel) dargestellt, der die IT-Prozesse, IT-Ressourcen und Informationskriterien beschreibt. Dieser Ansatz findet vor allem in der internen und externen Revision von IT-Aktivitäten Anwendung.

3.2.3.3 ITIL

Das ITIL (IT Infrastructure Library) ist ein Referenzmodell der englischen Office of Goverment Commerce in UK (OGC) für das Systemmanagement, dass das Verfügbarkeitsmanagement und die Störfallerkennung unterstützt. Sie stellt die Erfahrungswerte (Best Practice) von Experten, Beratern und Praktikern komprimiert zur Verfügung.

Die Empfehlungen für ein optimales IT Service Management (ITSM) wurden 1989 von der OGC aus der Praxiserfahrung heraus zusammengestellt und bieten die Richtlinien des OGCs und des British Standards Institute (BSI). ITIL wurde ursprünglich von einer britischen Behörde entwickelt, um einen Standard für die Gestaltung der Managementprozesse der IT-Systeme innerhalb der verschiedenen Behörden zu definieren und heranziehen zu können. Mittlerweile hat sich dieses Konzept jedoch auch außerhalb von Behörden profiliert.

Die Hauptziele des IT Service Managements sind Kundenorientierung, qualitative Verbesserung der IT-Services und Kostenreduzierung. Dazu bietet ITIL systematische und praxisorientierte Methoden, um die Effizienz des IT-Managements zu steigern. Die einzelnen Service-Bereiche für das IT-Service-Management sind in einem ITIL-Referenzmodell (siehe Abbildung 7) beschrieben. [vgl. 7]

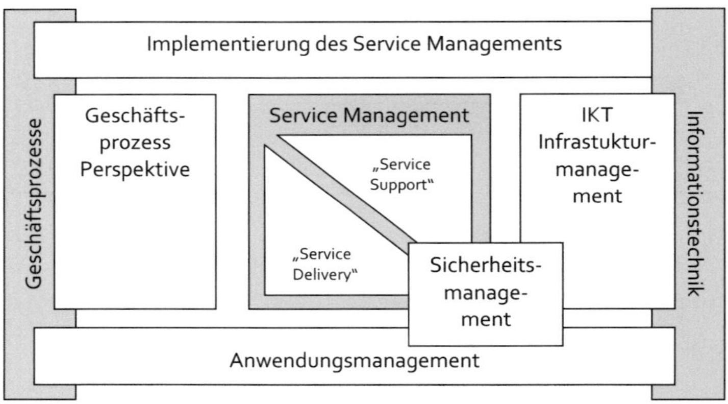

Abbildung 8: ITIL-Referenzprozess

3.3 Aufgaben / Anforderungen des Informationsmanagers

Da sich das IM erst in den letzten Jahren so richtig entwickelt hat, besteht noch keine allgemeingültige Definition für das Berufsbild des Informationsmanagers. Auch herrscht für die Zukunft Unsicherheit, ob sich der Begriff des Informationsmanagers gegenüber den bereits verwendeten Bezeichnungen (zum Beispiel EDV-Leiter, IT-Direktor, etc.) durchsetzen kann, obwohl dieser das Aufgabenfeld der einzelnen Bereiche subsumiert.

Dennoch lassen sich dem Informationsmanager bestimmte Eigenschaften zuweisen. Diese sind - neben den allgemeinen Managerqualitäten (Qualifikationen in den Bereichen Planung, Organisation, Kontrolle, usw.) - fachliche Kompetenzen in methodischen und technologischen Bereichen. Nach Heinrich kann seine Rolle wie folgt beschrieben werden:

- Er begreift seine Aufgabe als eine interdisziplinäre Herausforderung
- Er fördert die Diskussion über das Norm- / Wertesystem des Unternehmens (d.h. über die Regeln für das Zusammenleben und Zusammenwirken der Mitglieder des Unternehmens)
- Er unterstützt die Entwicklung der Selbstorganisation (d.h. des konzeptionellen Denkrahmens für den Umgang mit sozialen Systemen, bei dem davon ausgegangen wird, dass es nicht möglich ist, ein eindeutiges Ordnungskonzept für das Unternehmen zu entwerfen und zu verwirklichen)
- Er fördert die Symbiose von Mensch und Technologie (nicht die Substitution des Menschen durch die Technologie)

Das Ergebnis dieser nach Heinrich festgelegten Eigenschaften eines Informationsmanagers sind kleine, selbstständige Organisationseinheiten, die durch selbstbestimmende Menschen miteinander kommunizieren. Durch allgemeine Betrachtung der Aufgaben und Anforderungen des Informationsmanagers wird jedoch die Aussage bekräftigt, dass detaillierte Spezifikationen der Funktionen durch die firmenspezifischen Ziele bzw. Anforderungen geprägt und definiert werden. [vgl. 8]

4 Informationsmanagement 2.0

Zwar bestehen die oben genannten Ansätze und Konzepte eines Informationsmanagements nach wie vor, dennoch haben sich vor allem in den letzten Jahren die Anforderungen an ein strukturiertes Informationsmanagement stark verändert. Dies liegt nicht zuletzt an der stetig wachsenden Anzahl von Informationsquellen, die überwiegend durch das World Wide Web publiziert werden. Einerseits könnte man davon ausgehen, dass mehr Informationen zu „besseren" Entscheidungen innerhalb der Geschäftsleitung führen, andererseits ist es anhand dieser Informationsflut für Manager jedoch äußerst schwierig, diese Masse an Informationen unternehmensweit zu verwalten und systematisch einzusetzen. Dazu kommt, dass Informationen immer dynamischer und der benötigte Informationsbedarf immer individueller und heterogener wird. Informationen müssen heutzutage nicht nur zu jeder Zeit, sondern auch an jedem beliebigen Ort abrufbar sein. Dieses Problem der Zusammenführung von sich ständig ändernden und jederzeit abrufbereiten Informationen auf der einen Seite, und einem flexiblen Informationsbedarf der Konsumenten (zum Beispiel Mitarbeiter) auf der anderen Seite, wird durch eine neue Form des Informationsmanagements in Angriff genommen. Informationen sollen dadurch schneller erfasst und an die entsprechenden Personen übermittelt werden.

Ein weiteres Problem, dem sich das Informationsmanagement 2.0 widmet, ist die wachsende Individualität der bereitgestellten Informationen. Zwar werden in den meisten Unternehmen, welche Informationsmanagement einsetzen, verschiedene IT-Systeme (wie zum Beispiel ERP[1]- oder CRM[2]-System) für den Informationsbedarf bereitgestellt, dennoch kann auch damit der spezielle, individuelle Informationsbedarf einzelner Mitarbeiter nicht gewährleistet werden. Deshalb ist es Ziel eines verbesserten Informationsmanagements, das bereits bestehende Informations- und Kommunikationsnetzwerk auszubauen und zu verfeinern.

Vor allem in den letzten Monaten wurde mit Schlagzeilen wie „das Büro der Zukunft"[3], der „papierlose Schreibtisch" oder der „Multi-Media-Chef" auf die bereits stattgefundene Technik-Revolution innerhalb des Informa-

---

1 Enterprise Ressource Planning System (ERP) bezeichnet im Allgemeinen eine Softwarelösung, die den betriebswirtschaftlichen Ablauf in Bereichen wie Produktion oder Logistik steuern und auswerten.

2 Customer Relationship Management (CRM) ist der englische Begriff für die Verwaltung von Kundenbeziehungen mit Hilfe der zur Verfügung stehenden Daten.

3 Quelle Best Practice Business. Büro der Zukunft – Wand mit Ohren. http://www.best-practice-business.de/blog/?p=1406 [Zitat vom 11.03.08]

tionsmanagements angespielt. Dieser Fortschritt soll nun in den folgenden Abschnitten etwas genauer dargestellt werden.

4.1 Web 2.0

Welche Rolle spielt Web 2.0 für das Informationsmanagement? Nun, um diese Frage zu klären, müssen wir diesen Begriff etwas genauer betrachten. Was bedeutet eigentlich Web 2.0? Der Ursprung des "Web 2.0" begann mit einem Gedankenaustausch zwischen O'Reilly und MediaLive International im Jahre 2005. Obwohl sich der Hype um das Internet, vor allem durch das Zerplatzen der New Economy Blase im Jahre 2001, etwas gelegt hatte, war sich Dale Dougherty, Web-Pionier und Vizepräsident von O'Reilly sicher, dass das Web wichtiger als jemals zuvor sei und auch in Zukunft eine bedeutende Rolle spielen würde.

Immerhin tauchten ja regelmäßig neue Anwendungsmöglichkeiten und Seiten im World Wide Web auf. Demnach schlussfolgerte er, dass Privatpersonen, vor allem jedoch Unternehmen, auch weiterhin auf das Internet setzen werden. Es müsste nur in gewisser Hinsicht „neu vermarktet" werden. Ab diesem Zeitpunkt war die "Web 2.0 Konferenz" geboren, die bis heute einmal im Jahr stattfindet. [vgl. 9]

Zweieinhalb Jahre später hat sich der Begriff "Web 2.0" tatsächlich durchgesetzt. Suchmaschinen wie Google finden hierzu inzwischen über 66 Millionen Einträge[4]. Aber es existiert immer noch große Uneinigkeit darüber, was "Web 2.0" nun genau bedeutet. Einige halten es für ein bedeutungsloses Modewort aus dem Marketing, andere akzeptieren es als neue allgemeingültige Einstellung. In diesem ersten Gedankenaustausch wurde das Web 2.0 an Beispielen festgelegt und mit der „Vorgänger-Version 1.0" verglichen: [vgl. 9]

Web 1.0	Web 2.0
mp3.com	Napster
Britannica Online	Wikipedia
Persönliche Webseiten	Blogs
Seitenaufrufe	"cost per click"
DoubleClick	Google AdSense
Ofoto	Flickr
usw.	usw.

Tabelle 3: Vergleich Web 1.0 und Web 2.0 nach O'Reilly

4 Suche am Montag, den 03.03.2008 in Google ausgeführt

Diese Liste wäre auch schon zu dem damaligen Zeitpunkt beliebig fortsetzbar gewesen. Dennoch stellte sich die Kategorisierung einzelner Bereiche oder Anwendungen für das Web 2.0 schwieriger dar, als anfangs vermutet. Deshalb begann O'Reilly in Zusammenarbeit mit John Battelle (ebenfalls ein Web-Pionier), Prinzipien herauszuarbeiten, die entweder bei den Erfolgsstorys von Web 1.0 oder jedoch in der neuen Version ihren Ursprung hatten.

Als Ergebnis entstand ein Katalog von Grundsätzen, der erstmals bei der Web-2.0-Konferenz im Oktober 2004 der Öffentlichkeit vorgestellt wurde. Dieser Katalog beinhaltet folgende Merkmale des Web 2.0:

- Das Web als Plattform (anstatt des lokalen Rechners)
- Daten-gesteuerte Anwendungen
- Die Vernetzung wird verstärkt durch eine „Architektur des Mitwirkens" (Jeder kann mitmachen)
- Aufbau von innovativen Systemen und Seiten, die von verschiedenen Entwicklern erstellt worden sind und beliebig erweitert werden können (ähnlich dem Open-Source-Prinzip)
- Einfache Geschäftsmodelle durch die verteilte, gemeinsame Nutzung von Inhalten und technischen Diensten
- Das Ende des klassischen Softwarelebenszyklus
- Die Software geht über die Fähigkeiten eines einzelnen Verwendungszwecks hinaus
- Für jeden Betreiber anwendbar

Laut diesen Prinzipien und dem von O'Reilly herausgebrachten Artikel „What is Web 2.0", mit dem er die Diskussion weitgehend anstieß, kann Folgendes zusammenfassend wiedergegeben werden:

"Web 2.0 is the network as platform, spanning all connected devices; Web 2.0 applications are those that make the most of the intrinsic advantages of that platform: delivering software as a continually-updated service that gets better the more people use it, consuming and remixing data from multiple sources, including individual users, while providing their own data and services in a form that allows remixing by others, creating network effects through an "architecture of participation," and going beyond the page metaphor of Web 1.0 to deliver rich user experiences." [10]

Anfangs bestand das World Wide Web aus überwiegend statischen HTML-Seiten, von denen viele für längere Zeit unverändert ins Netz gestellt und nur vereinzelt überarbeitet oder in größeren Zeitintervallen ausgetauscht wurden. Dadurch wurde nicht nur die Aktualität von Informationen aufgrund des hohen Wartungsaufwandes vernachlässigt, auch die „Korrektur" durch andere Anwender war nur vereinzelt gegeben. Dies wird als eine Zweiwege-Kommunikation, die nur zwischen einem Client und einem Server möglich ist, bezeichnet.

Die nächste Entwicklungsstufe, die mit Web 1.0 bezeichnet werden kann, war durch dynamische Websites, Shops, E-Commerce[5] und Foren geprägt. Sie zeichnete sich durch die Zweiwege-Kommunikation zwischen Anbietern und mehreren Verbrauchern aus. Durch diese Web-Evolution war es auf einmal möglich, Webinhalte bzw. Informationen zum Beispiel durch den Einsatz von sogenannten CMS[6] (Content Management Systemen) spielend einfach zu warten und dadurch aktuell zu halten. Auch der gesamte Informations- und Meinungsaustausch wurde durch die Einführung des Web 1.0 gefördert.

Der darauffolgende und auch heute noch aktuelle Entwicklungsstand des World Wide Web wird mit der Bezeichnung Web 2.0 dargestellt. Im Gegensatz zu den Fortschritten, die durch die Einführung des Web 1.0 gemacht wurden, sind die technischen Sprünge zum Web 2.0 nicht ganz so drastisch. Auch werden im Web 2.0 weiterhin zum Beispiel CM-Systeme, Shop-Systeme oder Foren eingesetzt. Der Wandel liegt hier eher in der innovativen Interaktivität. Im Zentrum steht dabei der Einsatz sogenannter Social Software. [vgl. 11]

„Als Social Software bezeichnet man all die Anwendungen, die Kommunikation, Interaktion und Zusammenarbeit im Internet unterstützen. Im Gegensatz zu reinen Präsentationstechnologien dienen diese unmittelbar dem aktiven Informationsaustausch, der sozialen Vernetzung und der kollaborativen Erstellung elektronischer Inhalte." [12]

Primäres Ziel ist es daher, die Anwender gemeinschaftlich an der inhaltlichen Gestaltung eines Internetangebots zu beteiligen. Das individuelle bzw. persönliche Wissen wird so zu geteiltem oder öffentlichem Wissen gestaltet, was auch als „shared information" bezeichnet werden kann. Inhalte sollen ohne zentrale, redaktionelle Instanz von jedem erstellt, kommentiert, verknüpft, überprüft und weiterverwendet werden können.

---

5 Mit E-Commerce bezeichnet man den Handel und die Vermarktung von Dienstleistungen und Produkten über das Internet.

6 Ein Content-Management-System (CMS) ist eine Software zur Verwaltung des Inhalts einer Website oder auch anderen Informationsangeboten.

Über begleitende Kommunikationskanäle, wie zum Beispiel Voice Over IP können zudem einzelne Benutzer zusätzlich direkt miteinander kommunizieren.

Gemeinsam ermöglichen diese Funktionsangebote im Idealfall eine neue Qualität von Informations- und Beziehungsnetzwerken, zu deren eindrucksvollen Beispielen die Online-Enzyklopädie Wikipedia zählt. [vgl. 12]

Ein weiteres Ziel von Web 2.0 ist es, bestimmte Funktionen, die bisher vom Desktop ausgeführt wurden, ins Internet zu verlagern. Dies hat den gewissen Vorteil, dass bestimmte Daten und Informationen nicht nur standortunabhängig abgerufen werden können, auch die Bereitstellung spezieller Informationen für andere Benutzer wird so ermöglicht. Als Beispiel sei hier Google Kalender genannt, der online zugänglich ist und von mehreren Benutzern (z. B. Mitarbeitern) gesteuert und verwaltet werden kann. Nicht zu vergessen sind die neuen Anwenderschnittstellen. Bedingt durch die zunehmende Mobilität öffnet sich Web 2.0 den multimedialen Mobilgeräten wie zum Beispiel Handys, PDAs[7] und Handheld[8]-PCs.

4.1.1 Technische Aspekte von Web 2.0

Ein Wort, das unmittelbar mit Web 2.0 in Verbindung gebracht wird, ist Ajax (Asynchronous Javascript and XML). Hierbei handelt es sich um eine Technik, die mit Hilfe von Javascript den Austausch von Daten zwischen Client und Server auch für Teile einer Website ermöglicht, so dass die Webseite nicht bei jeder Benutzeraktion neu geladen werden muss. Somit könnte Ajax auch ganz allgemein als eine weiterführende Anwendung von JavaScript definiert werden. Eine Hauptfunktion besteht darin, Elemente innerhalb eines sogenannten DOM-Baumes[9] hinzuzufügen, zu verändern oder gar zu löschen.

Durch diese Technik werden nicht nur Meilensteine in der Schnelligkeit (zum Beispiel beim Laden bestimmter Webseiten) gesetzt, auch die dadurch entstehenden Möglichkeiten für Benutzeroberflächen sind revolutionär. Grundlage von Ajax bildet das sogenannte XMLHttpRequest-Objekt, welches die asynchrone Abarbeitung von Anfragen regelt.

Dennoch kann angemerkt werden, dass Ajax keine neuentwickelte Technik ist. Bereits seit 1998 haben sich einige Verfahren entwickelt, die eine

---

7 Personal Digital Assistant bezeichnet einen kleine, tragbaren Computer, der hauptsächlich für die persönliche Kalender-, Adress- und Aufgabenverwaltung benutzt wird.

8 Handheld-Pc´s sind im Grunde PDA´s mit einer Tastatur.

9 Ein Dom-Baum stellt einzelne HTML-Elemente hierarchisch als Knoten dar.

asynchrone Verarbeitung von Webseiten unterstützen. Eine der ersten Komponenten, die eine Client-seitig HTTP-Anforderung ermöglichte, basierte auf einer von Microsoft entwickelten Remote-Scripting-Komponente. Diese Idee wurde zu einem späteren Zeitpunkt erneut durch das Outlook-Web-Access-Team aufgegriffen und verfeinert. Daraufhin wurde auch die Komponente Teil des Microsoft-Exchange-Servers. So manche Webentwickler stufen deshalb Outlook Web Access als ersten erfolgreichen Vertreter des Ajax-Konzepts ein. [vgl. 13, S. 12]

4.1.2 Wirtschaftliche Aspekte von Web 2.0

Eine der interessantesten Fragen über Web 2.0 lautet: Kann Web 2.0 positiv zu dem Geschäftserfolg beitragen? Natürlich kann diese Frage nicht allgemein mit ja oder nein beantwortet werden. Schließlich bringt nicht der alleinige Einsatz bestimmter Web 2.0 Techniken wie Ajax einen Unternehmenserfolg, sondern die gezielte Anwendung bestimmter Funktionen. Dennoch gibt es hier einige interessante Beispiele am Markt die beweisen, dass der Einsatz von Web 2.0 den Unternehmenserfolg positiv beeinflussen kann.

So setzen Webanbieter wie Amazon oder Ebay auf Erfahrungsaustausch unter Gleichgesinnten. Käufer sowie Verkäufer können hier ihre Erfahrungen an andere Teilnehmern weitergeben, in dem bestimmte Bewertungen anhand von Sternen oder Rezessionen abgegeben werden. Dies sorgt unter anderem für ein gewisses Vertrauen unter den Benutzern.

Wikipedia geht dort sogar noch einen Schritt weiter: Es werden Anwender zu Autoren. Jeder Benutzer kann somit aktiv an der Weiterentwicklung dieser Enzyklopädie mitwirken. Auf den ersten Blick scheint es zwar, als hätte Wikipedia dadurch keinen großen Vorteil, da die eigenen User diesen Dienst ja kostenlos nutzen. Dennoch werden solche Internetseiten durch die hohe Besucheranzahl für andere Unternehmen wiederum als Werbeplattform interessant. Einige Online-Dienste wie Yahoo, Google oder Web.de finanzieren sich auf diese Art und Weise.

4.1.3 Gefahren von Web 2.0

Momentan vergeht kaum eine Woche, in der nicht die eine oder andere neue Web 2.0 Applikation veröffentlicht wird. Mittlerweile gibt es für fast jede Anwendung ein Web 2.0 Tool (zum Beispiel Bildbearbeitungsprogramme, Dateimanager, etc.), womit sich Daten über das World Wide Web verwalten, bearbeiten oder sogar speichern lassen. Doch so wundervoll und hilfreich diese Anwendungen auch sein mögen, bringen sie dennoch auch gewisse Gefahren und Risiken für die Anwender mit sich.

Das Internet ist - wie die meisten bereits mitbekommen haben - relativ kurzlebig und die Unternehmen können mit samt ihrem Online-Angebot genauso schnell wieder verschwinden, wie diese aufgetaucht sind. Wer jedoch seine Webseiten komplett mit Web 2.0 Anwendungen aufbaut bzw. seine Daten nur mit Web 2.0 Tools verwaltet, läuft gänzlich Gefahr, seine Daten oder Teile seines Angebotes zu verlieren.

Dazu kommt, dass bei vielen Web 2.0 Tools persönliche und vertrauliche Daten gespeichert werden. Fraglich hierbei ist jedoch, wie diskret einzelne Anbieter solcher Web 2.0 Tools mit diesen Daten umgehen. Werden sie wirklich nur gespeichert oder für andere Zwecke wie zum Beispiel Online-Marketing missbraucht. Leider kann diese Frage in der Praxis nicht eindeutig geklärt werden. Vor allem Anbieter wie Google werden in dieser Hinsicht stark von deutschen Datenschützern kritisiert.

Ein weiterer wichtiger Punkt sind Gefahren durch Viren, Trojaner oder sonstiger Schadsoftware. Angreifer spezialisieren sich in der Regel auf Bereiche, in welchen sich die „breite Masse" aufhält. Als Beispiel können hier die zwei Betriebssysteme Windows und Linux herangezogen werden. Während Windows so gut wie täglich mit neuen Computerviren zu kämpfen hat, bleiben Linux-Systeme überwiegend davon verschont. Schließlich ist hier der erreichbare Schaden anhand der deutlich geringeren Anzahl von Anwendern wesentlich geringer. Ebenso ist es mit dem Web 2.0. Auch Entwickler von Schadsoftware haben den Trend des Web 2.0 erkannt und als neues Ziel ausgemacht. [vgl. 14]

„Hacker nutzen zunehmend Foto- und Videoportale wie Flickr und Yotube sowie Blogs und Web-2.0-Communitys wie My Space zur Verbreitung von gefährlichem Programmcode. Davon sind nicht nur ahnungslose Surfer betroffen, schreibt die Computerzeitschrift PC Professionell (Heft 05/2007). Betreiber und Nutzer dieser Seiten müssen gleichermaßen damit rechnen, dass bösartig gesinnte Teilnehmer über Beiträge gefährlichen Schadcode einschleusen. Ein Link auf eine Phishing-Site ist dabei die einfachste Stufe. Angreifer können auch Accounts kapern oder sich Zugriff auf Datenbanken verschaffen." [15]

Beispiel: Schreibt ein Anwender bösartigen JavaScript-Code in ein Gästebuch, Forum oder in ein öffentlich einsehbares Nutzerprofil, landen diese Befehle bei schlechter Site-Programmierung im Browser des nächsten Besuchers und werden dort ausgeführt. Dieses sogenannte Cross Site Scripting zählt zu den häufigsten und markantesten Sicherheitslücken im Web 2.0. Die Folge: Cookies mit den Benutzerkennungen und Passwörtern von verschiedenen Diensten können so ausspioniert und missbraucht werden.

4.2 Verbindung von IM und Web 2.0

Ziel des Web 2.0 ist es also, Menschen statt nur Rechner miteinander zu verbinden und damit Communities[10] bzw. Social Networks aufzubauen um Informationen, Daten, Meinungen oder Ähnliches auszutauschen. Anhand dieser Feststellung liegt die Frage nahe, inwiefern eine Integration des Web 2.0 in ein unternehmensinternes Informationsmanagement sinnvoll bzw. vorteilhaft wäre. Schließlich würden sich dadurch ja spezielle Anforderungen wie etwa die ortsunabhängige Erreichbarkeit der benötigten Informationen theoretisch und auch praktisch realisieren lassen. Um diese Frage zu klären, werden in dem Abschnitt „Moderne Informationsbeschaffung durch Web 2.0" verschiedene Systeme vorgestellt, die durch die Einführung des Web 2.0 entstanden sind. Ob und inwieweit diese neuen Systeme für das Informationsmanagement eingesetzt werden können, soll ebenfalls innerhalb dieses Kapitel dargestellt werden.

4.3 Anwendungssysteme

Leider ist es nicht möglich, alle auf dem Markt existierenden Systeme in dieser Untersuchung vorzustellen bzw. für den Einsatz innerhalb des Informationsmanagements zu testen. Dennoch sollen hier einige Systeme und Techniken, die sich bereits etabliert haben oder aber dem Anschein nach in naher Zukunft etablieren werden, innerhalb der Bereiche traditionelle, neuentwickelte und zukunftsorientierte Informationsbeschaffung vorgestellt werden. Obwohl diese Untersuchung daran ausgerichtet ist, neue Technologien bzw. Systeme vorzustellen und deren positiven Einsatz zu erläutern, werden in diesem Kapitel auch Nachteile der jeweiligen Systeme beim Namen genannt. So kann der Leser selbst einschätzen, ob anhand der aufgeführten Eigenschaften (in manchen Fällen vielleicht sogar Risiken) der Einsatz vorteilhaft wäre.

4.3.1 Traditionelle Informationsübertragung

In diesem Kapitel sollen kurz die traditionellen Mittel der Informationsübertragung bzw. der Informationsversorgung dargestellt werden. Kurz deshalb, weil diese Methoden schon seit Jahren, wenn nicht sogar seit Jahrzehnten, in nahezu jedem Unternehmen eingesetzt und verwendet

---

10 Online-Community bezeichnet eine zusammengehörende Gruppe von Menschen im Internet.

werden. Als erstes sei hier das wohl älteste Mittel der Informationsbeschaffung bzw. -übermittlung genannt, der Brief. Hierbei handelt es sich meist um eine verschlossene Mitteilung oder Botschaft an einen bestimmten Adressaten, besonders als Postsendung. Neben dem privaten Brief gibt es noch den offiziellen Brief für Mitteilungen oder Ankündigungen. Nachdem Inhalte dieser Form des Briefes in der Regel nicht geheim sind, wird er auch als „offener Brief" bezeichnet. Obwohl E-Mail ebenfalls eine Form des Briefes darstellt, werden auch in der modernen Zeit Briefe vor allem zur Übermittlung wichtiger Dokumente und Originale weiter eingesetzt. Auch für die Übertragung bestimmter Sachgegenstände bleibt der Briefverkehr unersetzlich. [vgl. 16]

Ebenfalls in der heutigen Zeit als unersetzlich anzusehen ist die Kommunikation über das Telefon. Hierdurch können binnen Sekunden Informationen ausgetauscht und übermittelt werden. Und durch die zunehmende Mobilität der Geräte (Handys) auch ortsunabhängig. Diese Form der Informationsbeschaffung steht damit immer noch an erster Stelle, was sich wohl auch in Zukunft nicht ändern wird.

Die folgenden zwei Systeme zur Informationsübertragung gehören zwar schon zu den etwas moderneren, dennoch haben sie sich mittlerweile als Standard etabliert und werden auch so gut wie in jedem Unternehmen eingesetzt.

Die Rede ist zum einen von dem firmeninternen Netz - auch Intranet genannt – und zum anderen dem externen, globalen Netzwerk, dem Internet. Das Intranet stellt eine moderne Benutzeroberfläche im firmeninternen Computernetzwerk dar. Dabei werden unter anderem Internettechnologien eingesetzt, wobei bereits vorhandene Informationsverarbeitungssysteme und Standards mit eingebunden werden. [vgl. 17]

Der Zugriff auf bestimmte Intranet-Inhalte ist nur innerhalb des Unternehmens möglich und dient dadurch der internen Mitarbeiterinformation und -kommunikation. Damit kann das Intranet auch als ein Netzwerk bezeichnet werden, in dem Informationen für eine geschlossene Benutzergruppe zugänglich sind. Mittlerweile ist der Zugang zu bestimmten internen Firmennetzwerken sogar räumlich unabhängig. Mit Hilfe so genannter VPN-Software[11] können Mitarbeiter von jedem Ort aus auf das unternehmensinterne Netzwerk zugreifen.

---

11 Ein Virtual Private Network verbindet externe Rechner mit dem lokalen Netzwerk und verschlüsselt hierbei auch die Daten.

Im Grunde finden im Intranet sehr ähnliche Abläufe wie im Internet statt. Dazu gehören unter anderem,

- die zentrale Bereitstellung von bestimmten Informationen
- vereinfachte Informationssuche durch klare Strukturierung, handliche Navigation und verständlichen Suchmechanismen
- die Unterstützung der Mitarbeiterkommunikation durch spezielle Communities wie zum Beispiel das "schwarze Brett" oder Expertenforen
- schneller Austausch von Wissen durch direkte Kommunikation

Diese Form der unternehmensinternen Informationsversorgung hat sich in den letzten Jahren geradezu rasant entwickelt und damit herkömmliche Verfahren der Informationsverteilung (z.B. papiergebundene Informationsverteilung) in vielen Bereichen abgelöst.

Im Gegensatz zum Intranet, das sich - wie bereits erläutert - auf die unternehmensinterne Informationsversorgung konzentriert, liegen die Bemühungen des Internets darin, Informationen global bereitzustellen, so dass diese von den verschiedensten Anwendern genutzt werden können. Man kann es als weltweites, dezentrales Netz von miteinander verbundenen Computernetzen beschreiben. Im Prinzip kann dabei jeder Anwender weltweit mit jedem anderen Anwender verbunden werden, um Informationen oder Daten auszutauschen. Voraussetzung hierfür ist natürlich, dass sich die jeweiligen Anwender innerhalb dieses globalen Netzes aufhalten. Im Vergleich drängt sich hier die Frage auf, warum Unternehmen nicht einfach nur das Internet für die Informationsversorgung verwenden. Schließlich ist der Umfang an Informationen und Daten um ein vielfaches größer als die eines Intranets. Diese Frage kann in den meisten Fällen durch den Aspekt der Sicherheit beantwortet werden. Durch die Verbindung mit dem Internet können Anwender weltweit auf jede beliebige Internetadresse zugreifen. Umgekehrt kann dies jedoch leider auch der Fall sein. Auch wenn versucht wird, sich durch bestimmte Verfahren und Systeme im Internet vor unbefugten Zugriffen zu schützen, kann dies nicht vollständig ausgeschlossen werden.

Ein weiteres, wichtiges Mittel für die Informationsversorgung ist die bereits erwähnte E-Mail. Hierbei handelt es sich um eine elektronische Mitteilung in Form von Text, Bild, oder anderer Information entweder innerhalb eines lokalen Netzwerkes oder aber dem Internet. Diese Mitteilungen werden über das Netzwerk in einem elektronischen Postfach abgelegt und können dort vom Empfänger jederzeit abgerufen werden. [vgl. 18]

Voraussetzung für das Empfangen und Versenden von E-Mails ist der Besitz einer eindeutigen E-Mail-Adresse, sowie das Einrichten eines bestimmten E-Mail-Kontos (zum Beispiel bei Online-Anbietern wie Web, Yahoo, usw.). Der Vorteil von E-Mails ist klar die Geschwindigkeit der Übermittlung. Binnen weniger Sekunden werden nicht nur textuelle Informationen weitergegeben, auch Anhänge wie Grafiken, Dokumente oder Ähnliches lassen sich sekundenschnell übertragen. Ein weiterer Vorteil, was sich gleichzeitig auch als Nachteil herausgestellt hat, ist, dass das Versenden von E-Mails kostenlos ist. Nachteil deshalb, da dies wiederum auch die sogenannten SPAM-Mails[12] in Umlauf gebracht hat, die in Form von Werbung jeden Posteingang zufüllen. Mittlerweile gibt es jedoch auch schon Methoden, diese Mails auszufiltern bzw. einzugrenzen.

Kommen wir nun zu einer anderen Form der Informationsbeschaffung, den Printmedien. Printmedien sind im Gegensatz du den neuen Medien, welche heute überwiegend in digitalisierter Form vorliegen, gedruckte Informationsquellen und können somit auch als klassische Medien bezeichnet werden.

Hierzu zählen zum Beispiel Zeitschriften, Zeitungen, Bücher, Kataloge oder geografische Karten und Pläne. Inzwischen stellt die Printausgabe häufig nur noch das Pendant zur elektronischen Zeitschrift dar. Artikel werden zum Beispiel in gekürzter Form innerhalb der Online-Ausgabe einer Zeitschrift vorab veröffentlicht. Meist behandeln die gedruckten Veröffentlichungen jedoch mehr Themen, als die zuvor freigegebene Online-Version. Dies liegt vor allem daran, dass die verkürzten Online-Artikel für die gedruckten Erzeugnisse werben sollen. Wegen der für den Druckvorgang und die Distribution benötigten Zeit ist die Druckausgabe in der Regel weniger aktuell, stellt aber für Verlage eine wichtige Einnahmequelle dar.

Als letzte Form der traditionellen Informationsbeschaffung sollen hier Besprechungen, auch Meetings genannt, aufgezählt werden. Meetings können in zwei verschiedenen Bereichen auftreten: Externe Meetings, dazu zählen zum Beispiel Besprechungen mit Kunden oder Auftraggeber sowie interne Meetings, die in erster Linie zwischen einzelnen Mitarbeitern oder Führungskräften stattfinden. Ziel eines Meetings ist es, Informationen zum Beispiel zu einem bestimmten Projekt auszutauschen und Probleme zu diskutieren. Meetings finden in wohl jedem Unternehmen statt. Diese können mittlerweile nicht nur unter der Anwesenheit der beteiligten Personen stattfinden. Mit der Weiterentwicklung der Technik wurden

---

12 Spam-Mails (oder Junk-Mails) sind unverlangt zugesendete E-Mails und SMS (meist Werbung)

auch andere Arten von Meetings wie etwa die Video- oder Telefonkonferenz möglich.

4.3.2 Moderne Informationsübertragung durch Web 2.0

Nachdem die traditionellen Mittel wie E-Mail, Meetings oder das Intranet für die Informationsbeschaffung innerhalb eines IM dargelegt wurden, sollen in diesem Kapitel etwas modernere Systeme betrachtet werden. Alle hier vorgestellten Systeme bauen auf den Anforderungen des Web 2.0 auf. Dazu kann gesagt werden, dass die meisten der hier dargestellten Systeme kostenlos im Internet zur Verfügung stehen. Die jeweiligen Adressen zu den einzelnen Anbietern bzw. Herstellern können aus dem Anhang entnommen werden.

4.3.2.1 RSS Feeds

RSS ist die Abkürzung für "Really Simple Syndication" und bedeutet sinngemäß übersetzt „wirklich zeitnahe und einfache Verbreitung". Auch andere Deklarationen wie zum Beispiel "RDF Site Summary" oder auch " Rich Site Summary" werden für RSS verwendet. Dies hat in erster Linie mit der Entstehungsgeschichte der verschiedenen RSS-Versionen zu tun, soll aber hier nicht weiter von Bedeutung sein.

Bei RSS handelt es sich um eine Technologie die es zum einen dem RSS-Feed Anbieter erlaubt, ohne großen Aufwand neue, schnelle und vor allem innovative Wege in der Anbieterkommunikation zu beschreiten und zum anderem dem jeweiligen Nutzer ermöglicht, immer aktuell über die spezielle News, Nachrichten usw. seines Interessenbereichs informiert zu sein. Um diese Art der Informationsbeschaffung jedoch nutzen zu können, müssen User sogenannte RSS-Feeds abonnieren. [vgl. 19]

RSS ist ein Web-Service, der ähnlich einem Nachrichtenticker die Überschriften mit einem kurzen Textanriss und einen Link zur Originalseite enthält. Der Abonnent des RSS-Feed hat zudem die Möglichkeit, direkt über den im RSS-Feed angebotenen Link auf der entsprechenden Website die vollständige Meldung zu lesen. Eine RSS-Datei, die als RSS-Feed bezeichnet wird, ist eine textbasierte Datei (meist XML), die aus einer Ansammlung von verschiedenen Einträgen besteht. [vgl. 20]

Der Vorteil der RSS-Dateien ist, dass im Gegensatz zu gewöhnlichen Web-Seiten diese Art von Dateien durch andere Programme ausgelesen und weiterverarbeitet werden können. Die gebräuchlichsten dieser Programme sind sogenannte RSS-Reader. Sie können über die RSS-Datei jede Aktualisierung einer Website überwachen und dies auf Wunsch anzeigen.

Der Einsatz eines RSS-Readers spart dem Anwender Zeit, da er mehrere News- oder Weblog-Seiten abonnieren kann und die zugehörige Website nur noch auf Wunsch aufruft. Dadurch kann ein User die einzelnen Sites seines Interesses schneller nach Aktualisierungen durchsuchen, als eine Lesezeichen/Favoriten/Bookmarkliste abklappern und die einzelnen Sites nacheinander im Browser aufrufen zu müssen.

Neben den RSS-Readern gibt es auch Programme, die den Inhalt der RSS-Dateien auf anderen Webseiten anzeigen können (Syndication). RSS bietet diesen *RSS Parsern* ein einfaches Format dafür. Viele renommierte Unternehmen wie zum Beispiel der Spiegel, Bild-Online oder N24 bieten mittlerweile RSS-Feeds an. Eine Liste der wichtigsten RSS-Feeds befindet sich im Anhang dieses Dokumentes.

4.3.2.2 Weblogs

Der Begriff Weblog (oder einfach nur Blog) ist vor allem seit der Web 2.0 Evolution zu einem Schlagwort mutiert. In einem Bericht des Manager-Magazins heißt es:

„Blogs sind die Zukunft für erfolgreiche Manager! Augen auf, nicht zu!

Denn: Web 2.0 ist das interaktive, soziale Netz der Zukunft/Gegenwart. Goldene Regeln des Marketings gelten hier nicht. Kundenkommunikation funktioniert hier anders. Obwohl dort und da immer wieder Unkenrufe über Web 2.0 und den zwingend dazugehörigen Blogs laut werden, lässt sich das gewaltige Marktpotential nicht leugnen. Ganz im Gegenteil zu den ewig gestrigen Meinungen, liegt die Werbezukunft im Netz.

Und auch Manager müssen dringend umdenken! Uns allen ist klar, dass in einer Leaderposition die Zeit knapp wird. Dennoch wird es zukünftig unerlässlich, dass Top-Manager einen Blog hosten. Die externe Firmenkommunikation muss auf die modernen soziotechnischen Rahmenbedingungen abgestimmt werden." [21]

Aber was sind eigentlich genau Weblogs? Nun, Weblogs an sich traten schon erstmals während der 90er Jahre als sogenannte Online-Tagebücher auf. Hierbei publizierten meist private Internetnutzer periodische Einträge über ihr eigenes Leben. Ab etwa Mitte 2004 wurden Blogs dann immer häufiger geschäftlich eingesetzt. Viele Online-Betreiber eröffneten daraufhin Weblogs, um ihren Leserkreis zu erweitern. [vgl. 22]

Mittlerweile haben sich Weblogs zunehmend als fester Bestandteil des World Wide Webs etabliert. Vor allem in Online-Portalen sind Blogs derzeit nicht mehr weg zu denken. Heutzutage werden diese jedoch nicht überwiegend zur Publikationen von persönlichen Aspekten verwendet, sondern eher um Informationen, Erfahrungen oder Meinungen auszutauschen. Deshalb haben Blogs häufig spezielle Themengebiete, ähnlich wie die schon lange bekannten Foren. Dennoch unterscheiden sich diese beiden Kommunikationsplattformen in einigen Faktoren. Bei Weblogs zum Beispiel werden die aktuellsten Einträge an den Anfang der Webseite gestellt. So entsteht eine chronologisch sortierte Reihung von Beiträgen unterschiedlicher Autoren. Teilweise haben die Besucher eines Weblogs auch die Möglichkeit, einzelne Beiträge zu kommentieren. Dennoch gibt es bei einem Blog – im Gegensatz zum Forum – nur einen echten Autoren.

Abbildung 9: Weblog „jetzt.de"

Vorteil von Weblogs ist auch, das jeder Eintrag, bei manchen Weblog-Systemen sogar jeder Kommentar, eine eindeutige und sich nicht verändernde URL bzw. Web-Adresse besitzt. So können andere Nutzer direkt einzelne Textbereiche anstatt des gesamten Weblogs verlinken. Zudem kommt, dass die Verwaltung von Blogs relativ einfach ist, da diese in der Regel Funktionalitäten von CM-Systemen beinhalten.

Zu den bekanntesten Blogs gehören unter anderem der Bildblog (www.bildblog.de) oder jetzt (http://jetzt.sueddeutsche.de). Eine Liste mit weiteren bekannten Weblogs befindet sich im Anhang dieser Untersuchung.

4.3.2.3 Wikis

Auch „Wiki" zählt genau wie Weblogs und RSS zu den etwas moderneren Begriffen. Dennoch haben die meisten Internetanwender schon mal davon gehört bzw. gelesen.

"The idea of 'Wiki' is very strange at first, but dive in and explore its links. Wiki is a composition system; it's a discussion medium; it's a repository; it's a mail system; it's a tool for collaboration. In fact we don't know quite what it is, but it's a fun way of communicating asynchronously across the network." [23]

Zumindest ein Wiki-System kennt nahezu jeder Internet-User: die freie Online-Enzyklopädie Wikipedia. Ganz allgemein können Wikis jedoch als (meist kostenlose) Content-Management-Systeme, Enzyklopädien oder Glossare bezeichnet werden, die Berichte, Erklärungen, Artikel oder Ähnliches zur Verfügung stellen. Das Besondere an Wikis ist jedoch, dass diese bereitgestellten Artikel von registrierten Benutzern oder anonymen Surfern erstellt und ausgebessert werden.

Das Mitwirken an solchen Enzyklopädien geschieht über direktes Eingreifen auf den Quellcode der bestehenden Wiki-Artikel, die über ein CMS editiert werden können.

Die Überprüfung, Bewertung und gegebenenfalls Überarbeitung der geänderten bzw. modifizierten Artikel wird, wie bereits schon erläutert, von der Allgemeinheit bzw. von registrierten Benutzern übernommen. [vgl. 24]

Zu den wesentlichen Vorteilen von Wikis gehören der ständig aktuelle Inhalt, sowie die Weblinks zu weiterführenden Informationen auf Fachwebseiten. Eines der großen Nachteile von Wikis ist, dass gelegentlich auch falsche oder zu ungenaue Artikel verfasst werden. Ein weiteres, häufig auftretendes Problem ist es, dass auch urheberrechtlich geschützte Texte, Grafiken oder Dokumente mit den bereitgestellten Artikeln veröffentlicht werden (meist durch einfaches Kopieren) was gegen das Urheberrecht und damit meist gegen die Nutzungsbedingungen verstößt. Dennoch haben sich Wikis nicht nur im Internet durchgesetzt. Auch innerhalb Unternehmen bzw. im Intranet kommen Wikis immer häufiger zum Einsatz.

4.3.2.4 Podcasts / Vodcasts

In diesem Kapitel werden die zwei Begriffe Podcast und Vodcast vorgestellt und voneinander abgegrenzt. Diese Abgrenzung ist notwendig, da viele User diese beiden Begriffe oftmals falsch interpretieren bzw. miteinander verwechseln.

Das Wort Podcast ist durch eine „Zusammenführung" der beiden Begriffe iPod[13] und Broadcasting[14] entstanden. Hierbei handelt es sich um die Bereitstellung und Veröffentlichung von Audio-Beiträgen im Internet. Für diese Bereitstellung werden Audiodaten aufgenommen, in ein dafür geeignetes Format (zum Beispiel MP3) komprimiert und anschließend auf einem Server abgelegt. Für die Verbreitung dieser Podcasts werden in der Regel RSS-Feeds verwendet, die zwar nicht die Audio-Dateien an sich beinhalten, jedoch die Adresse der entsprechenden Datei auf einem Webserver. Natürlich können Podcasts auch heruntergeladen werden und somit auf MP3-Playern, PDA´s, usw. zum Einsatz kommen.

Mittlerweile geht die Entwicklung im Bereich der Podcasts sogar noch einen Schritt weiter. Mit sogenannten Phonecasts soll es in Zukunft möglich sein, Audio-Dateien mittels Handy oder Festnetz abzurufen und sogar bereitzustellen. [vgl. 25]

Vodcasts hingegen bezeichnet die Bereitstellung und Veröffentlichung von Video-Beiträgen im World Wide Web. Der Begriff ist wiederum eine Wortschöpfung aus den Wörtern Podcast und Video. Beim Vodcasting erstellt der sogenannte Vlogger[15] ein Digitalvideo. Dieses Video wird in der darauffolgenden Videobearbeitung in ein bestimmtes Format (zum Beispiel DivX) komprimiert. Ähnlich wie bei Podcast werden nun diese Dateien auf einen Webserver gelegt und bereitgestellt. Auch hier werden die RSS-Feeds für die Verbreitung der Vodcasts verwendet. [vgl. 26]

Auch immer mehr Internet-Portale haben sich auf Podcasts bzw. Vodcasts spezialisiert. So gehört mittlerweile YouTube zu einem der größten Anbieter innerhalb dieses Marktes. Der Vorteil dieser Plattform ist, dass User nicht nur beliebig viele Audio- und Video-Dateien bereitstellen können, sondern der komplette Inhalt von YouTube kann mittels einer Suchfunktion durchstöbert werden. Die Kategorisierung einzelner Beiträge in verschiedene Themengebiete unterstützt dies zusätzlich. Dazu kommt, dass jeder registrierte Benutzer die Möglichkeit hat, andere Beiträge anhand eines Sterne-Prinzips zu bewerten und Kommentare abzugeben.

---

13 iPod bezeichnet einen von Apple hergestellten MP3-Player.

14 Bei einem Broadcast wird eine Nachricht von einem zentralen Punkt aus an alle Teilnehmer eines Netzes übertragen.

15 Vlogger ist eine Wortschöpfung aus den Begriffen Video und Blogger.

Abbildung 10: Internetportal „YouTube"

Auch immer mehr Nachrichtenagenturen stellen ihre Online-Videos auf Portalen wie YouTube zur Verfügung. Des Weiteren sind mittlerweile auch schon einige Karrieren - vor allem in der Musikbranche - durch die Veröffentlichung privater Videos entstanden.

4.3.2.5 Skype

Bei Skype handelt es sich um eine kostenlose VoIP-Software[16], die sowohl das gebührenfreie Telefonieren im Internet, als auch kostenpflichtige Gespräche ins Fest- und Mobilnetz (SkypeOut) sowie eine Erreichbarkeit aus herkömmlichen Telefonnetzen (SkypeIn) in Echtzeit ermöglicht. Darüber hinaus bietet Skype die Möglichkeit, Sofortnachrichten zu versenden (chatten), Dateien auszutauschen sowie Telefon- als auch Chat-Konferenzen mit mehreren Teilnehmern gleichzeitig zu führen. Voraussetzung für die kostenlosen Gespräche mittels Skype ist, dass beide Gesprächsteilnehmer diese spezielle Software auf ihrem Rechner installiert haben.

Zurzeit ist Skype für alle gängigen Betriebssysteme wie zum Beispiel Windows, Linux oder Mac OS X erhältlich. In der aktuellen Windows-Version werden Konferenzschaltungen mit bis zu 25 Gesprächspartnern ermöglicht. Bei Videokonferenzen sind es maximal 5 Teilnehmer. Eine weitere Funktion des Programmes ist es, Anrufe in Abwesenheit wie bei einem gewöhnlichen Telefon mittels Anrufbeantworter annehmen zu las-

---

16 Voice-over-IP (auch VoIP) bezeichnet die Telefonie über das Internet oder Computernetzwerke.

sen, so dass der Anrufer eine persönliche Nachricht hinterlassen kann. Auch ist es mittlerweile schon möglich, sich über Skype Kurzmitteilungen (SMS) zu schicken und Anrufe auf ein Handy weiterzuleiten. Diese genannten Zusatzfunktionen sind allerdings kostenpflichtig. [vgl. 27]

Begonnen hat Skype als reines Peer-to-Peer-Netzwerk[17], in dem sich der Nutzer registriert und dann mittels Skype-Software für andere Online-Teilnehmer erreichbar ist. Mit der Registrierung wird jeder Nutzer direkt in eine Art Telefonbuch eingetragen. So lässt sich jeder User anhand des Benutzernamens ausfindig machen und kontaktieren.

Der Erfolg von Skype wurde vor allem im Laufe des letzten Jahres sichtbar. Weltweit verzeichnet der Dienst über 100 Millionen registrierte User. Noch im Mai 2005 belief sich die durchschnittliche Zahl der Skype-User, die gleichzeitig online waren, global auf knapp über 3 Millionen. Im Juni 2006 ist diese Zahl bereits auf über 6 Millionen User angewachsen. Die Sprachqualität soll laut Skype aufgrund der Verwendung neuer Codecs[18] größtenteils besser als bei herkömmlichen Telefongesprächen sein.

Abbildung 11: Skype

Skype hat jedoch unter Computerspezialisten den schlechten Ruf, die in einem Unternehmen installierten Firewalls zu umgehen. Fakt ist, dass Skype sehr effektiv und mit nahezu jeder Art von Firewall umgehen kann

---

17 In einem Peer-to-Peer-Netzwerk ist jeder angeschlossene Computer zu den anderen gleichberechtigt und gleichzeitig ein Server und ein Client.

18 Als Codec bezeichnet man ein Verfahren das Daten oder Signale digital kodiert und dekodiert.

und funktioniert auch unter schwierigsten Bedingungen. Dadurch stellt die Nutzung der Skype-Software in firmeninternen Netzen auch ein gewisses Sicherheitsrisiko dar. Neben unerwünschten Telefonaten können dies beispielsweise auch die Weitergabe von internen Informationen oder das (un)beabsichtigte Einschleusen von Schadprogrammen wie zum Beispiel Viren sein.

Der Einsatz von Skype innerhalb eines Unternehmens ist damit eine reine Ermessensfrage. Hierbei sollte der Nutzenvorteil von Skype gegenüber den einzelnen Sicherheitsaspekten gestellt und danach abgewogen werden. Zwar bietet Skype eine speziell für Unternehmen erarbeitete Version (Skype für Unternehmen) mit besonderen Sicherheitsfunktionen (vor allem für Administratoren) an, dennoch lassen sich auch damit nicht alle „Gefahren" gänzlich ausschalten. [vgl. 28]

Dennoch hat der Einsatz von Skype neben den oben genannten Aspekten auch noch weitere positive Funktionen. Zum Beispiel besitzt Skype mittlerweile einen implementierten Suchdienst (SkypeFind), der unter anderem örtlich ansässige Unternehmen findet.

Voraussetzung für diese Suche ist, dass das Unternehmen einen Skype Account besitzt und sich in SkypeFind eingetragen hat. Zusätzlich zu dieser Funktion können Skype User sogar diese eingetragenen Unternehmen bewerten, um somit ihre persönlichen Erfahrungen an andere Benutzer weiterzugeben.

Skype kann aber auch - etwas negativ ausgedrückt - eine gewisse Überwachungsfunktion übernehmen. Somit können zum Beispiel Geschäftsführer, Abteilungsleiter oder andere Führungskräfte anhand der in Skype sichtbaren Buddy-List[19] sehen, ob einzelne Mitarbeiter online bzw. erreichbar sind.

Auch das in Skype integrierte Skype-Live (Skypecasts) könnte für viele Benutzer interessant sein. Durch dieses Feature wird es ermöglicht, an verschiedenen Live-Unterhaltungen teilzunehmen, um so nicht nur neue Kontakte zu knüpfen, sondern sich auch mit „fremden" Usern auszutauschen.

4.3.2.6 I-CEE

I-CEE ist ein modernes Informations-Management-Cockpit zur Verwaltung, Steuerung und Bereitstellung von unternehmensrelevanten Infor-

---

19 Eine Buddy-Liste ist eine Kontaktliste mit Namen von anderen Mitgliedern.

mationen. Dabei können nicht nur Berichte, Dokumentationen, Hinweise, etc. in reiner Textform, sondern auch bestimmte Dateien verschiedenster Anwendungen (zum Beispiel Excel, Word, usw.) als Download bereitgestellt werden. Da I-CEE komplett browserbasiert arbeitet, werden so intelligente Anlaufstellen im Web für Mitarbeiter, Kunden und Partner geschaffen.

Hier können nun Informationen aller Art ausgetauscht und freigegeben werden anstatt wie bisher Dateien lediglich im Netzwerk über freigegebene Ordner zu publizieren und zu verteilen. Dies erfolgt über eine ausgefeilte Benutzerrechteverwaltung. Sollten Sicherheitsbestimmungen eines Unternehmens den Onlinebetrieb solcher Informationsportale jedoch nicht zulassen, ist der Einsatz von I-CEE im Rahmen eines vorhandenen Intranets ebenfalls möglich. Per VPN wäre dann auch hier ein Zugriff außerhalb der Unternehmensgebäude für Mitarbeiter möglich. Natürlich können dann jedoch bestimmte aktuelle Informationen aus dem Internet (zum Beispiel aktuelle Wetterdaten, Börsenkurse, etc.) nicht bereitgestellt werden.

Abbildung 12: I-CEE - Information Management Cockpit

Das Prinzip von I-CEE ist relativ einfach. Als erstes wird eine Instanz dieser Software aufgesetzt. Der Administrator kann nun verschiedene User anlegen, die sich in Zukunft via Login authentifizieren können. Jeder User kann sich danach seinen eigenen Bereich aufbauen. Dabei hat er die Möglichkeit, Informationen anhand eines integrierten Editors per Hand einzutragen, oder einen der bereitgestellten Kollektoren zu nutzen. Der Vorteil dieser Kollektoren ist, dass die implementierten Informationen stetig aktuell gehalten werden. Zum Beispiel dient ein Wetter-Kollektor dazu, sich stetig die neuesten Wetterdaten aus dem Internet zu besorgen und diese dann in I-CEE anzuzeigen.

Die wichtigsten Funktionen von I-CEE sind:

- View-Explorer:
  Die Navigation in I-CEE erfolgt ganz einfach über den View-Explorer am linken Bildschirmrand. Hier können Anwender immer ihre aktuelle Position ersehen, sowie weitere Informationen über den View erhalten, in dem Sie sich gerade befinden.
- View:
  Ein View ist ein neuer Eintrag im View Explorer (Menü) bzw. eine neue Unterseite, in der Informationen eintragen werden können.
- Kollektor:
  I-CEE Kollektoren (IC) stellen die Informationsquellen eines jeden I-CEE Systems dar und bestimmen so ganz wesentlich den Einsatzbereich einer individuellen Konfiguration. Es stehen derzeit die folgenden I-CEE Kollektors zur Verfügung (Genauere Angaben zu den bereits bestehenden Kollektoren befinden sich im Anhang dieses Dokumentes):
  - Universal Kollektoren
    Ermöglichen den Zugriff auf allgemeine Informationsquellen moderner IT-Infrastrukturen wie Filesysteme, Datenbanken oder Internet-Ressourcen.
  - System Kollektoren
    Ermöglichen das Sammeln und Ausgeben systemnaher Daten wie zum Beispiel Statusinformationen über Hard- und Software.
- Blink:
  Ein Blink ist die Verbindung zwischen einem View und einem Collector, er kann individuell eingestellt werden und zeigt anschließend die Daten in einem View dar.

Auch die Mobilität der User soll zukünftig in I-CEE berücksichtigt werden. Eine Integration von mobilen Geräten (Handys) befindet sich derzeit in der Entwicklung. So wird es demnächst möglich sein, persönliche, in I-CEE eingetragene Informationen auf seinem mobilen Gerät abzurufen.

4.3.2.7 Twitter

Twitter gehört ebenfalls zu den moderneren Kommunikationsarten. Hierbei handelt es sich um eine Art „Social Network". Das Prinzip von Twitter ist relativ einfach:

Angemeldete User können über verschiedene Dienste Textnachrichten versenden und empfangen. Dabei entscheidet jeder User selbst, von wem er bestimmte Kurztexte empfangen und an wen er seine eigenen senden möchte. Somit entsteht eine Mischung aus Informationsaustausch und sozialer Vernetzung. Jeder registrierte Benutzer bekommt einen persönlichen Bereich innerhalb des Portals zugeordnet. In diesem Bereich kann der User, neben bestimmten Einstellungen, seinen persönlichen „Blog" aufbauen. Andere User haben nun die Möglichkeit, sich als Follower dieses Benutzers zu setzen. Das Besondere hierbei ist, dass sobald ein User eine Nachricht in seinen Blog einträgt bzw. versendet, jeder andere User der sich als Follower akkreditiert hat diese Nachricht automatisch erhält. Diese Nachrichtenübermittlung kann auf unterschiedlichsten Diensten stattfinden. Ursprünglich war es möglich, diese verfasste Nachricht anderen Usern direkt in ihren persönlichen Bereich (RSS), auf ihr Handy (SMS) oder aber über Instant Messenger zukommen zu lassen. Mittlerweile sind zu diesen Übermittlungsarten jedoch noch Desktopapplikationen und Browser Add-ons dazugekommen. Firefox bietet so ein Add-on namens Twitterbar bereits an. Auch die oben erwähnte Skype-Software bietet als Zusatzkomponente eine Twitter-Funktion an. [vgl. 29]

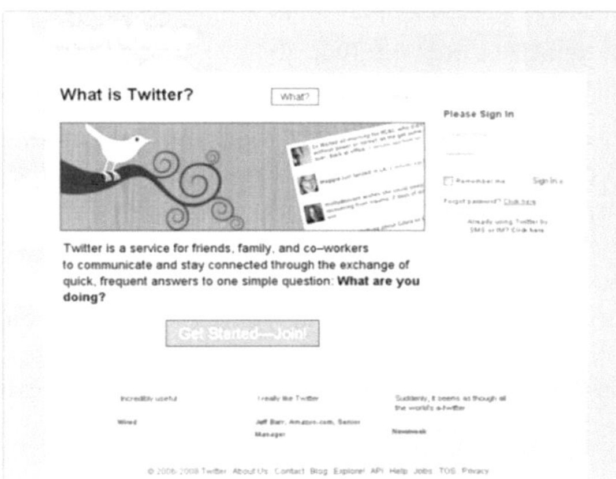

Abbildung 13: Internetplattform „Twitter"

Da Twitter oftmals von den Benutzern (auch Twits genannt) für die Übermittlung von persönlichen, belanglosen Nachrichten wie zum Beispiel „Was machst du gerade?" oder „Wo bist du?" verwendet wird, sehen Kritiker jedoch in Twitter ein „endgültiges Ende der Privatsphäre". Dennoch steigt die Anzahl der User laut dem Betreiber um wöchentlich 20 Prozent. Auch verschiedene Nachrichtenagenturen wie CNN oder BBC haben den Trend von Twitter erkannt und posten hier regelmäßig neue Kurznachrichten.

4.3.2.8 Google Tools

Google wurde aus dem bereits vorher eingeführten Begriff „googol" abgeleitet, der eine Eins gefolgt von 100 Nullen definiert. Dieses Wortspiel sollte gleichzeitig eine Bezeichnung für die Fülle an Informationen sein, welche durch Google im Internet gefunden werden können.

Die erste Beta-Version von Google (als reine Suchmaschine) erschien am 07. September 1998. Nach knapp einjähriger Testphase wurde dann der offizielle Start der Suchmaschine bekannt gegeben. Seitdem hat sich Google als mächtigste Suchmaschine innerhalb des World Wide Web etabliert.

Nach Informationen von Google gab es schon zum Ende der Beta-Phase 1999 über 3,5 Mill. Zugriffe pro Tag. Mittlerweile erreicht die Suchmaschine in Deutschland Marktanteile von 80 bis 93 Prozent aller Suchanfragen. Derzeit bietet Google seinen Nutzern einen Zugang zu einem Index, der aus über 8 Milliarden URLs besteht. [vgl. 30]

Um seine Marktanteile – und auch Machtposition – immer weiter auszubauen, bietet Google in regelmäßigen Abständen immer neue Internet-Tools an, die von den Usern meist kostenlos verwendet werden können. Vor allem im Bereich Web 2.0 und den damit verbunden Faktoren hat Google einige innovative Entwicklungen erfolgreich abgeschlossen. Ein paar dieser Tools, auch Google Add-ons genannt, sollen in den folgenden Abschnitten ausführlich dargestellt werden. Voraussetzung für die hier vorgestellten Google-Tools ist die Einrichtung eines Google Kontos. Dieser angelegte Account kann dann für alle weiteren Google-Services verwendet werden.

Google Mail

Immer mehr Anwender richten ihre E-Mail Konten bei verschiedenen Webanbietern wie Web, Yahoo oder Google ein, um so immer und von überall auf ihre E-Mails zugreifen zu können. In diesem Bereich soll jedoch nur Google Mail etwas genauer betrachtet werden. Andere Anbieter funktionieren jedoch in ähnlicher Weise.

Bei Google Mail handelt es sich um einen kostenlosen Webmail-Dienst, der von Google selbst bereitgestellt wird. Am Anfang wurde Google Mail unter dem Namen „GMail" vermarktet. Aufgrund eines Rechtsstreites mit einem Hamburger Briefpostunternehmen (G-Mail) musste dieser jedoch geändert werden.

Da auch Google die Meinung vertritt, Kommunikation im Internet müsse einfacher, effizienter und angenehmer gestaltet werden, bietet Google Mail vor allem folgende Vorteile:

- Große Speicherkapazität (über 2500 MB)
- Sicherer Schutz vor Spam-Mails durch innovative Google-Technologie
- Relativ wenig Werbung
- Einfachste Bedienung der Mail-Funktionen
- Innovative Google-Suche innerhalb der vorhandenen Mails
- Integration eines Chat-Clients

Somit stellt Google Mail eine Kombination aus einem Instant Messaging- und E-Mail-Programm dar. Der Vorteil daran ist, dass Anwender sofort sehen ob ihre Gesprächspartner aktuell online sind. Demnach ist es dem User selbst überlassen, ob er die zu übermittelnde Nachricht sofort via Chat oder eben als E-Mail senden möchte. [vgl. 31]

In Sicherheitsaspekten steht Google Mail anderen Anbietern nichts nach: Google Mail lässt sich auf Wunsch komplett über eine verschlüsselte Https-Verbindung[20] nutzen. Im Normalfall werden lediglich die Login-Daten verschlüsselt übertragen. Auch Viren, Würmer und Trojaner haben bei Google Mail wenig Chancen. Dies liegt nicht etwa an einem ausgefeilten Virenscanner, sondern schlicht daran, dass Google Mail bereits die Annahme unsicherer Attachements verweigert.

---

[20] HTTPS dient zur Verschlüsselung und zur Authentifizierung der Kommunikation zwischen Webserver und Browser

Abbildung 14: Google Mail

Dennoch gibt es auch in Google Mail einen kritischen Faktor. Da Google seinen Mailservice kostenlos anbietet, muss dieser über andere Einnahmequellen finanziert werden. Die Rede ist hier von kontextbezogener Werbung. Im Klartext bedeutet dies, einzelne Mails der User werden mit Hilfe einer speziellen Software nach bestimmten Stichwörtern durchsucht und analysiert. Zwar werden Google Mail Benutzer nicht - wie bei vielen anderen Anbietern - mit Reklame überschüttet, dennoch ist diese Art der Werbeschaltung für viele Datenschützer bedenklich. Auch die von Google ausgefeilten und nutzerfreundlichen Verpflichtungserklärungen zum Datenschutz können an dieser Kritik nichts ändern.

Google Blogger

Dieser Google-Service stellt eine einfache Umgebung zur Einrichtung eines Weblogs dar. Das übersichtlich gestaltete Tool erstellt Blogs in drei Arbeitsschritten:

1. Anmeldeformular ausfüllen
2. Blog-Name und die dazugehörige URL eintragen
3. Einträge posten.

Angemeldete User loggen sich mit ihrem persönlichen Nutzernamen und Passwort ein. Standardmäßig werden alle erstellten Blogs bei "blogspot.com" gespeichert. Auf Wunsch können Blogs allerdings auch bei anderen Servern gehostet[21] werden. Wie bei einem gewöhnlichen CMS kann dieser Blog dann online verwaltet werden. [vgl. 32]

Google Kalender

Der von Google bereitgestellte Online-Dienst Google Kalender kann auch als multifunktionaler Web-Kalender bezeichnet werden. Doch welche Vorteile bietet dieser Service gegenüber anderen elektronischen Kalendern?

Nun, der größte Vorteil von Google Kalender liegt, wie bei allen Online-Tools, in der Verfügbarkeit. Alle Daten und Termine können so unabhängig von Raum und Zeit abgerufen und verwaltet werden. Die einzelnen eingetragenen Termine werden innerhalb einer übersichtlichen Registerkarte, die sich der Benutzer in Tage, Wochen oder Monate einteilen kann, dargestellt. Dazu werden einzelne Filtermöglichkeiten angeboten, die es dem User ermöglichen, sich zum Beispiel nur bestimmte Termine oder Tage anzeigen zu lassen. Wie bei fast allen elektronischen Kalendern werden auch bei Google Kalender die Einträge der Termine mit einem entsprechenden Formular getätigt.

Abbildung 15: Google Kalender

[21] Darunter versteht man die Unterbringung von Webseiten auf einem an das Internet angeschlossenen Server eines bestimmten Anbieters.

All diese genannten Funktionen von Google Kalender machen dieses Tool jedoch zu keiner Innovation an sich. Erst durch die Integration gewisser Zusatz-Features wird dieser Service interessant. Eines dieser genannten Features ist die einfache Art und Weise, bereits bestehende Termine und Daten aus anderen Programmen wie Microsoft Outlook oder dem Apple iCal in den Google Kalender zu importieren. Auch Synchronisationsmöglichkeiten mit Mobilgeräten sollen in Zukunft möglich sein.

Neben den allgemeinen Funktionen wie etwa Terminwiederholungen oder –erinnerungen, lassen sich für eingetragene Termine beispielsweise auch Einladungen per E-Mail an andere User verschicken. [vgl. 33]

Des Weiteren ermöglich dieses Tool den Benutzern, ihre angelegten Kalender öffentlich oder für bestimmte Teilnehmer freizuschalten. Somit können ganze Gruppen, Teams oder Belegschaften einen gemeinsamen Kalender verwalten und ihre Termine unabhängig voneinander eintragen. Jeder Teilnehmer sieht dann innerhalb dieses Kalenders auch die Termine und sonstigen Einträge der anderen Mitglieder.

<u>Google Talk</u>

Mit diesem Tool möchte der weltgrößte Suchmaschinenbetreiber in den Bereich der Instand Messenger vordringen. Auch Google Talk bietet die üblichen Funktionen wie die Statusanzeige anderer User, die Suche nach bestimmten Kontakten oder das ganz einfache Versenden von Textnachrichten.

Zusätzlich haben User die Möglichkeit ähnlich wie in Skype Telefongespräche über Voice Over IP zu führen. Im Gegensatz zu Skype können diese Telefonate jedoch nicht ins Festnetz oder Mobilfunknetz geführt werden. Auch die Anzahl der registrierten User liegt momentan noch deutlich unter der des Konkurrenten Skype, was die Kontaktaufnahme mit ganz bestimmten Gesprächspartnern erheblich erschwert. Auch das Versenden von Dateien ist in der jetzigen Version von Google Talk noch nicht möglich. [vgl. 34]

In Verbindung mit Google Mail hat Google Talk jedoch eine vorteilhafte Funktion: Sobald neue E-Mails eintreffen, wird der User über Google Talk darüber informiert. Über ein spezielles Icon hat der Benutzer dann direkten Zugriff auf die Mails, ohne sich erneut anmelden zu müssen.

Google Text & Tabellen

Auch ist es mittlerweile schon möglich, Texte, Tabellen oder Präsentationen online zu erstellen und zu bearbeiten. Genau diese Funktionen bietet nämlich ein weiteres Tool aus der Google-Familie: Google Text & Tabellen.

Dieses Addon ermöglicht es Benutzern beispielsweise, Textdokumente im Internet zu verfassen und diese gemeinsam mit anderen Nutzern in Echtzeit zu bearbeiten. Dabei können auch bereits vorhandene Dateien (DOC, XLS, CSV, PPT usw.) in Google Text & Tabellen importiert und anschließend bearbeitet werden.

Sobald ein Benutzer eine neue Datei angelegt oder hochgeladen hat, kann er diese für andere Teilnehmer anhand deren E-Mail Adresse freigeben. Dabei können den anderen Teilnehmern sogar Rechte zugesprochen werden (zum Beispiel nur lesen oder bearbeiten). Voraussetzung auch wiederum ist, dass diese anderen Teilnehmer ebenfalls ein Google Konto besitzen. Natürlich können diese erstellten Dateien auch auf den lokalen Rechner exportiert werden. Darüber hinaus können die erstellten Texte, Tabellen oder Ähnliches auch für die Öffentlichkeit bereitgestellt werden. Dazu bietet Google Text & Tabellen die Möglichkeit, die erstellte Datei als „Webseite" bereitzustellen. Diese kann dann mit einer bestimmten URL angesprochen und aufgerufen werden. [vgl. 35]

Google-Groups

Durch den Online-Service Google Groups sollen Benutzer bei Ihrer Informationssuche im Internet unterstützt werden. Ziel hierbei ist, Interessengebiete auf kleine Fachgruppen aufzuteilen um so einen besseren Informationsaustausch zu gewährleisten. Einzelne Gruppen werden als eigene Website dargestellt.

Alle Group-Websites wiederum werden innerhalb von Google-Groups gelistet. Der Benutzer hat somit die Möglichkeit, einzelne Gruppen anhand von Stichwörtern zu suchen.

Sobald ein User die für ihn interessante Gruppe gefunden hat kann er, insofern die Gruppenbetreiber dies nicht unterbinden, die vorhandenen Einträge lesen. Um selbst einzelne Berichte zu posten, muss der jeweilige User der Gruppe beitreten. Diese erfolgt entweder durch eine automatische Anmeldung, oder durch eine Bestätigung des Gruppenleiters. Nach einer erfolgreichen Anmeldung innerhalb einer Gruppe können nicht nur Berichte erstellt, sondern auch ganze Dateien hochgeladen und bereitgestellt werden. Auch die Eröffnung einer neuen Gruppe ist innerhalb weniger Schritte möglich. Einzige Voraussetzung auch hier wieder: ein Google Account. [vgl. 36]

4.3.2.9 BlackBerry

Informationen müssen natürlich nicht nur am Arbeitsplatz oder von zu Hause aus abgerufen werden können, sondern auch von Unterwegs aus. Dafür stellt die Firma RIM (Research In Motion) ein passendes Gerät namens BlackBerry zur Verfügung. Bei einem Blackberry handelt es sich um ein Organizer ähnliches Mobilgerät mit integrierter Handy- bzw. Telefonfunktion. Neben den üblichen Grundfunktionen eines PDA´s wie Adressbuch, Kalender, Tagesplaner etc. bietet ein BlackBerry auch die üblichen Handy-Funktionen wie Telefonie, SMS und Web-Browsing. Genauer gesagt könnte ein BlackBerry auch als Personal Information Manager bezeichnet werden.

Abbildung 16: Beispiel eines BlackBerry´s

Der Unterschied zu einem konventionellen PDA liegt vor allem darin, das sich der Benutzer nicht um die Synchronisierung der Daten kümmern muss. Beim BlackBerry werden E-Mails, Kalendereinträge, Notizen und Adressbucheinträge per Push-Dienst vom Server auf das Handheld übertragen. Somit wird eine stetige Aktualisierung der entsprechenden Daten gewährleistet. Voraussetzung hierfür ist jedoch, dass eine Verbindung zum Server besteht.

Dies vermindert zu einem die anfallenden Kosten, die durch das ständige Abfragen entstehen würden und gleichzeitig ermöglicht es die sofortige Benachrichtigung und Zustellung bei neuen E-Mails und Terminen, wie durch SMS. Eine weitere wichtige Funktion ergibt sich aus dem Mobilen Datenservice (MDS), der es ermöglicht, auch andere Daten aus dem Firmennetzwerk – aus ERP-Systemen, Datenbanken etc. – auf dem BlackBerry zugänglich zu machen. So lassen sich etwa Preis- oder Lagerinformationen abrufen, Bestellvorgänge auslösen oder Stammdaten verändern. [vgl. 37]

4.4 Anwendungsbeispiele

Die Anwendung der in dieser Untersuchung vorgestellten Systeme soll nun anhand eines ausführlich geschilderten Anwendungsbeispiels dargelegt werden. Hierfür werden einzelne, aus der Praxis entnommene Anwendungsszenarien dargestellt und mit Hilfe der hier vorgestellten Systeme Lösungsansätze für diese bestimmten Problemstellungen erarbeitet.

Das Unternehmen des folgenden Beispiels

Bei dem 2005 gegründeten Unternehmen Tec AG handelt es sich um einen IT-Dienstleister, der sich auf IT-Sicherheit spezialisiert hat. Dafür entwickelt die Firma Tec AG individuelle Software zum Schutz von firmeninternen Netzen. Zu diesen Individuallösungen bietet die Tec AG auch eine Standardsoftware für Kleinbetriebe an. Vorstand dieses Unternehmens ist Herr Forster.

Schon innerhalb der ersten zwei Jahre ist die Tec AG zu einem der angesehensten Unternehmen dieser Branche aufgestiegen. Zeitungsberichten zufolge gehören Produkte der Firma Tec AG zu den Besten am Markt. Solche Berichte und Bewertungen, vor allem im Internet, haben abermals für einen drastischen Auftragsaufschwung im Jahr 2008 geführt. Obwohl die Tec AG erst vergangenes Jahr acht neue Mitarbeiter einstellte, werden auch dieses Jahr neue dazukommen. Insgesamt besteht die Belegschaft derzeit aus 37 festangestellten und drei freiberuflichen Mitarbeitern.

Szenario 1 – Projektstatus („extern")

Ein neuer Auftrag über die Erstellung einer Individualsoftware ist bei der Tec AG eingegangen. Auftraggeber des Projektes ist die Firma OnMedia. Herr Forster beschließt, für die Entwicklung ein Team aus vier Mitarbeitern zusammenzustellen. Er selbst übernimmt die Projektleitung. Für diesen Auftrag ist ein zeitlicher Rahmen von insgesamt sechs Monaten mit insgesamt 1900 Stunden angesetzt.

Auf Wunsch der OnMedia, soll der laufende Projektstatus durch einen eigenen Mitarbeiter der ständigen Überwachung unterliegen. Hierbei sollen unter anderem Informationen zu den verbrauchten Stunden, dem Projektfortschritt und den aufgetretenen Problemen bereitgestellt werden. Herr Forster überlegt, wie er diese dauerhafte Informationsbereitschaft gewährleisten kann.

Lösungsansatz Szenario 1

Herr Forster könnte der OnMedia den Einsatz von I-CEE, einem Information-Management-Cockpit vorschlagen, welches über das Internet Projektinformationen bereitstellt.

Nach der Installation einer projektspezifischen I-CEE Instanz auf einem firmeninternen Server der Tec AG bekommt jeder Mitarbeiter des Projektes einen eigenen Benutzernamen sowie ein individuelles Passwort zugeteilt. Hierdurch werden die Zugriffsberechtigungen auf die bereitgestellten Informationen sichergestellt.

Ein spezielles Zeiterfassungssystem ist bei der Tec AG bereits integriert. Alle Zeiten des Projekts werden in eine dafür vorgesehene Datenbank geschrieben. Durch einen speziellen DB-Kollektor ist es I-CEE nun möglich, diese Datenbank auszulesen und die entsprechenden Tabellen und Spalten (in diesem Fall die Zeiten) wiederzugeben. Der Projektstatus selbst wird in einem Textverarbeitungssystem erfasst und in entsprechenden Dateien gespeichert. Mit Hilfe des File-Kollektors werden diese Dateien in I-CEE zur Verfügung gestellt. Auch automatisch generierte LOG-Files werden anhand dieses Kollektors in I-CEE ausgegeben. Eine vollständige Projektüberwachung der OnMedia wäre nun gewährleistet.

Szenario 2 - Projektstatus („intern“) - Sicherheitsaspekt

Auch die Firma OnMedia begrüßt den Einsatz eines Management Cockpits wie I-CEE. Dennoch ist sie der Meinung, Informationen über das Internet bereitzustellen sei eine Gefahr. Schließlich handelt es sich zum Teil um sensible Informationen.

Lösungsansatz Szenario 2

Das Problem bei diesem Szenario ist, dass durch I-CEE gewisse Informationen bereitgestellt werden sollen, jedoch ohne direkte Anbindung an das Internet. Um dies zu umgehen, könnte Herr Forster der Firma OnMedia den Einsatz eines VPN-Systems vorschlagen. Dabei würde I-CEE im internen Firmennetz (entweder bei der Tec AG oder bei OnMedia) laufen und nur durch einen speziellen VPN-Client angesprochen werden. Sensible Daten wären nicht nur durch die Authentifizierung der Mitarbeiter (Login), sondern auch durch die unternehmensinterne Firewall geschützt.

Szenario 3 - Projektstatus („intern") - Sicherheitsaspekt

Nachdem die Informationsbereitstellung für OnMedia gewährleistet ist, überlegt Herr Forster, wie er darüber hinaus spezielle Projektinformationen intern mit seinen Mitarbeitern austauschen könnte. Schließlich können innerhalb der Entwicklung beispielsweise Programmierprobleme auftreten, die für den Kunden irrelevant sind. Früher hat Herr Forster diese Angelegenheiten ausschließlich über Meetings geklärt. Diese sollen zwar auch weiterhin stattfinden, jedoch in einem eingeschränkteren Maße. Eine dauerhafte, interne Informationsbereitstellung wäre daher vorteilhaft.

Lösungsansatz Szenario 3

Da bereits eine I-CEE Instanz für dieses Projekt angelegt wurde, kann Herr Forster diese auch für interne Projektinformationen nutzen. Dafür werden entsprechende Views (einzelne Seiten) angelegt, die nur für Mitarbeiter der Firma Tec AG sichtbar sind. Dies geschieht über eine individuelle Rechteverteilung für diese I-CEE Einträge.

Szenario 3 - Datenbereitstellung

Um einzelne Schnittstellen an die individuelle IT-Infrastruktur anzupassen, müssen einige Mitarbeiter der Tec AG regelmäßig bei der OnMedia vor Ort tätig sein. Diese sollen dann spezielle Daten erheben und an die Entwickler weitergeben. Das Problem dabei ist jedoch, dass die Entwickler erst durch die Einbindung gewisser Daten kleinere Programmteile testen können. Um die daraus resultierenden Fehler zu beseitigen, müssen weitere, vorerst unbekannte Daten eingegeben werden.

Bisher wurde in der Regel auf Methoden wie Telefon oder E-Mail zurückgegriffen, dies war aber immer sehr umständlich und unflexibel. Herr Forster überlegt deshalb, wie er einen Austausch von solch speziellen Daten besser gewährleisten kann.

Lösungsansatz Szenario 3

Die Problemstellung des hier gezeigten Szenarios liegt darin, dass Entwickler Daten von Mitarbeitern benötigen, die direkt beim Kunden sind. Welche Daten jedoch genau benötigt werden, ist vorab noch nicht konkret bekannt. Es müsste demnach die Möglichkeit eines direkten Austausches zwischen Entwickler und Informanten geben.

In diesem Fall könnte Herr Forster den von Google bereitgestellten Service Google Text & Tabellen zu Hilfe ziehen. Dadurch können Entwickler Tabellen bzw. Vorlagen in beispielsweise Microsoft Excel erstellen und diese dann in Google Text & Tabellen importieren. Sobald dies erledigt ist, müssen diese implementierten Dateien noch für die jeweiligen Benutzer freigeschaltet werden. Ist dies erfolgt, haben sowohl Entwickler als auch Informant Zugriff auf ein und dieselbe Datei. Der Mitarbeiter vor Ort kann somit Daten direkt in die erstellte Vorlage eingeben. Benötigt der Entwickler aufgrund spezieller Testvorgänge weitere Informationen, so kann er die bereitgestellte Datei online erweitern, was die Informanten wiederum sofort sehen. Wir gehen in unseren Szenarien davon aus, dass alle Mitarbeiter der Tec AG einen Google Account besitzen.

Szenario 4 - Mitarbeiterkommunikation

Das Projekt läuft die ersten zwei Monate sehr erfolgreich. Alle Mitarbeiter liegen mit ihren Tätigkeiten genau im Zeitplan. Für den darauffolgenden Montag ist die Präsentation einer ersten Vorversion geplant. Diese Vorführung soll bei der OnMedia stattfinden, wobei von der Tec AG nur Herr Forster anwesend ist. Die Vorversion wird noch auf einem Server der Tec AG betrieben. Für auftretende Probleme ist ein Entwickler zuständig. Herr Forster überlegt jetzt, wie er mit diesem Entwickler während des Meetings in Kontakt bleiben kann, falls eventuell Probleme auftreten.

Lösungsansatz Szenario 4

Natürlich wäre es möglich, mit dem Entwickler einfach zu telefonieren, was sich während eines Meetings jedoch als recht unpraktisch herausstellt. Besser wäre es, hier einen Instant Messenger wie Skype oder Google Talk zu verwenden (da Skype jedoch etwas weiterentwickelt ist, wäre dies hier wohl die bessere Wahl).

Vor dem Meeting müssen sich die Beteiligten, also Herr Forster und der Entwickler, einen Skype-Account einrichten. Dies geschieht recht einfach innerhalb der Software. Nachdem sich beide Benutzer bei Skype angemeldet haben, müssen sie sich nur noch entweder über die direkte Eingabe des jeweiligen Benutzernamens, oder über eine spezielle in Skype integrierte Suche finden, und der Kontaktliste hinzufügen. Sobald dies erfolgt ist, kann Skype in vollem Umfang genutzt werden. So ist es dann beispielsweise während des Meetings möglich, auftretende Probleme sofort dem Entwickler zu berichten und Lösungsvorschläge von diesem zu empfangen. Sollten dann spezielle Fragen von Mitarbeitern der OnMedia direkt an den Entwickler auftreten, kann auch ein Anruf via Skype eingeleitet werden – mittels Webcam sogar als Videotelefonat. Des Weiteren kann Herr Forster von einem aufgetretenen Fehler einen Screenshot erstellen und ihn anschließend über Skype an den Entwickler übermitteln.

Szenario 5 - Terminplanung

Mittlerweile hat sich die Anzahl der laufenden Projekte auf sieben erhöht. Teilweise arbeiten auch mehrere Mitarbeiter gleichzeitig an unterschiedlichen Projekten mit. Dabei erweist es sich als äußerst schwierig, alle vorhandenen Termine wie interne Meetings, Abgabe von Meilensteinen oder Kundentermine zu koordinieren. Herr Forster überlegt deshalb, mit welchen Mitteln er eine allgemeine Organisation der einzelnen Termine gewährleisten kann.

Lösungsansatz Szenario 5

Bei diesem Problem geht es nicht nur speziell darum, dass bestimmte Mitarbeiter ihre eigenen Termine vergessen könnten, sondern auch beispielsweise um die Reservierung des Besprechungsraumes. Damit hierbei keine Missverständnisse entstehen, sollen sämtliche Termine übersichtlich dargestellt werden. Auch der Zugriff auf die Termine von außerhalb des Firmennetzwerkes soll gewährleistet werden.

Für diesen Zweck eignet sich der Einsatz des von Google entwickelten Google Kalender. Hierbei kann Herr Forster innerhalb der Google Kalender Seite einen eigenen „Firmenkalender" anlegen. Hat er dies erledigt, muss er anschließend jedem Mitarbeiter eine Einladung zu diesem Kalender per E-Mail zusenden. Der nun vorhandene Kalender kann von allen Mitarbeitern nicht nur eingesehen, sondern auch bearbeitet werden. Die gesamte Belegschaft hat jetzt die Möglichkeit, sich über jeden einzelnen Termin innerhalb des Unternehmens zu informieren und gegebenenfalls eigene Termine online einzutragen.

Szenario 6 – Austausch von Erfahrungen

Das OnMedia Projekt wurde erfolgreich abgeschlossen. Bei diesem Auftrag war es jedoch notwendig, Know-how zu einem neu entwickelten Framework zu erlangen. Für die Programmierung mit Hilfe dieses Frameworks war ein Entwickler zuständig, der mittlerweile jedoch nicht mehr in der Tec AG arbeitet. Nach einigen Monaten steht ein neuer Auftrag (der Firma Serialize GmbH) an. Auch bei diesem Projekt ist der Einsatz des vorher genannten Frameworks erforderlich. Zwar wurden zu den vorherigen Projekten Dokumentationen angelegt, diese sind bzgl. des Frameworks jedoch unzureichend. Herr Forster ist verärgert und überlegt, wie er in Zukunft das durch eigene Mitarbeiter erlangte Know-how firmenintern erhalten könnte.

Lösungsansatz Szenario 6

Dieses Problem tritt in der Praxis relativ häufig auf. Ein Mitarbeiter eignet sich für ein bestimmte Projekt Know-how an und nimmt dieses beim Verlassen des Unternehmens mit. Um solch einen „Wissensverlust" zu vermeiden, könnte Herr Forster für jedes Projekt ein eigenes Wiki anlegen. In diesem projektspezifischen Wiki oder Glossar müssen dann alle Mitarbeiter in regelmäßigen Abständen Dokumentationen bzw. Erklärungen verfassen. Hierbei sollen jedoch nicht, wie in einer gewöhnlichen Dokumentation, ausschließlich verschiedene Programmteile und -abschnitte erläutert werden. Dieses Wiki dient eher dazu, eingesetzte Frameworks zu erläutern, aufgetretene Probleme darzustellen und Lösungen vorzuschlagen. Durch den Einsatz solcher Wikis können Informationen bestmöglich weitergegeben werden. Auch mit Hilfe von I-CEE wäre es möglich, so ein Wiki umzusetzen.

Szenario 7 – Verpasstes Meeting

Um Einzelheiten des Auftrages mit der Firma Serialize GmbH zu besprechen, ist für die kommende Woche ein Meeting angesetzt. Hier sollen Details zum Projekt wie Laufzeit, Kontingente, usw. besprochen und festgelegt werden. Da es sich bei diesem Auftrag um ein kleineres Projekt handelt, wird das Team aus nur zwei Mitarbeitern, nämlich Herrn Forster selbst und einem Entwickler bestehen. Da sich dieser Entwickler jedoch gerade in der Abschlussphase eines anderen Projektes befindet, kann er an diesem geplanten Meeting nicht teilnehmen. Herr Forster überlegt, wie er diesem Entwickler alle Einzelheiten des Meetings berichten könnte.

Lösungsansatz Szenario 7

Es gäbe hier schlicht die Möglichkeit, alle Details des Meetings in einem Bericht niederzuschreiben. Natürlich wird das im Wesentlichen auch in diesem Fall gemacht. Dennoch gibt es in Meetings immer wieder Diskussionen, Anregungen oder Problemstellungen, die so nicht wortwörtlich niedergeschrieben werden können. Für diesen Fall könnte Herr Forster sich überlegen, Podcasts bzw. Vodcasts einzusetzen. Dabei müsste er das gesamte Meeting via Webcam oder Ähnlichem aufzeichnen und anschließend diese Aufzeichnung entweder innerhalb des firmeninternen Netzwerkes oder aber auf bestimmten Internet-Portalen bereitstellen. Der Entwickler hätte so die Möglichkeit, das verpasste Meeting zeit- und ortsunabhängig anzuschauen, um so spezielle Informationen zu erhalten. Ein mögliches Internetportal wäre hier zum Beispiel www.youtube.com.

Szenario 8 – Mobiler Austausch von Informationen

Während der Entwicklungsphase des neuen Auftrages von der Firma Serialize GmbH bemerkt der Entwickler, dass ein aufgetretenes Problem die Lieferung zum ersten Meilenstein gefährden könnte. Zu diesem Zeitpunkt befindet sich Herr Forster auf Geschäftsreise und hat leider sein Notebook nicht dabei. Der Entwickler setzt sich mit der Firma Serialize GmbH per E-Mail in Verbindung, um den aufgetretenen Fehler und die damit eventuell verbundene Verzögerung des ersten Liefertermins zu berichten. Auch Herr Forster wird von dem Entwickler telefonisch informiert. Dennoch würde er sich gerne selbst in die E-Mail-Diskussion mit einbringen.

Lösungsansatz Szenario 8

Für solche Fälle eignet sich der Einsatz eines Blackberrys. Herr Forster hat die Möglichkeit, zeit- und ortsunabhängig E-Mails auf seinem mobilen Gerät abzurufen und zu versenden. Durch die ständige, automatische Aktualisierung der E-Mails kann Herr Forster schnellst-möglich auf neue Antworten der Firma Serialize GmbH reagieren. Des Weiteren ist es mit diesem Gerät möglich, Skype oder andere Instand Messenger online zu nutzen, um noch schneller Nachrichten - beispielsweise mit dem Entwickler - auszutauschen. Auch andere Online-Dienste wie Google Kalender, Google Text & Tabellen oder das Abrufen von RSS-Feeds ist ohne größeren Aufwand möglich.

5 Konzept zum Aufbau eines Informationsmanagements 2.0

Nachdem sowohl allgemeine Grundlagen des Informationsmanagement als auch die durch das Web 2.0 entwickelten Systeme dargestellt wurden, wird innerhalb des folgenden Kapitels ein Konzept erarbeitet werden, das den Einsatz eines Informationsmanagement 2.0 verdeutlicht. Leider ist es in dieser Untersuchung jedoch nicht möglich, eine vollständige Unternehmensstruktur anhand eines Informationsmanagements 2.0 abzubilden bzw. auszuarbeiten. Dies würde den Rahmen dieser Untersuchung sprengen. Sollten Überlegungen in diese Richtung gemacht werden, ist der Einsatz eines professionellen Informationsmanagers ratsam. Dennoch möchte ich die hier vorgestellten Systeme innerhalb eines eingeschränkten Rahmens anwenden.

Hierfür begrenze ich mich auf die Informationsversorgung zwei verschiedenartiger Rollen. Bei diesen Rollen handelt sich zu einem um einen Projektleiter und Manager und zum anderen um einen gewöhnlichen Entwickler. Beide Charaktere besitzen grundsätzlich unterschiedliche Anforderungen an eine Informationsversorgung und damit auch an ein Informationsmanagement. Bevor diese Anwendung jedoch stattfinden kann, werden verschiedene Anforderungen an ein strukturiertes Informationsmanagement - in diesem Fall „personal Informationsmanagement" - benötigt. Diese Anforderungen legen die Art und Weise fest, wie ein Informationsmanagement aufgebaut sein sollte, um so eine bestmögliche Organisation der relevanten Daten und Informationen zu gewährleisten. Folgende Tabelle zeigt diese relevanten Anforderungen eines „personal Informationsmanagements":

Anforderungen	Erläuterungen
Aktualität	Wie aktuell müssen die benötigten Informationen und Daten sein?
Sicherheit	Wie vertraulich sind die benötigten Informationen? Müssen diese geschützt werden?
Flexibilität (Datenform)	In wie fern lassen sich die relevanten Daten weiterverarbeiten oder auswerten?
Mixing	Werden Informationen von unterschiedlichen Quellen benötigt?
Qualität	Kommen die relevanten Daten aus einer zuverlässigen Quelle? In wie weit können sie verwertet werden?
Spektrum (Scope)	Ist der Informationsbedarf eher speziell oder werden nur wenige Details benötigt?
Quantität	Ist der Informationsbedarf groß oder reichen nur wenige Daten aus?
Verfügbarkeit	Stehen die Informationen zu jeder Zeit und an jedem Ort zur Verfügung?

Tabelle 4: Anforderungen an eine Informationsversorgung

Nachdem die Eigenschaften bzw. Anforderungen an ein Informationsmanagement 2.0 nun festgelegt wurden, sollen diese durch die einzelnen Systeme auch in die Praxis umgesetzt werden. Natürlich gewährleistet nicht jedes System alle Anforderungen gleichermaßen. Deshalb soll folgende ausgearbeitet Matrix einen überblick darüber geben, welches vorgestellte System für welche Anforderung eingesetzt werden kann. Die Prioritäten staffeln sich anhand von Noten, wobei drei das Beste und eins das Schlechteste Ergebnis liefert.

	Aktualität	Sicherheit	Flexibilität	Mixing	Qualität	Scope	Quantität	Verfügbarkeit
RSS	3	1	2	3	2	1	3	3
Weblogs	2	1	3	2	2	3	2	3
Wikis	2	2	3	2	3	3	2	3
Podcasts / Vodcasts	2	1	2	2	2	1	2	2
Skype	3	1	3	3	3	3	3	3
I-CEE	3	3	3	3	3	2	2	3
Twitter	3	2	2	3	2	1	2	3
Google Tools	3	2	3	3	3	2	2	3
BlackBerry	3	3	3	2	3	1	2	3

Tabelle 5: Anforderungen / Systeme Matrix

Anhand dieser aufgestellten Anforderungen und der anschließenden ausgearbeiteten Anwendungs-Matrix soll nun ein Informationsmanagement 2.0 für die zwei verschiedenen Arten von Rollen erstellt werden. In dieser Auflistung werden ausschließlich Web 2.0 Systeme betrachtet, da der Einsatz von traditionellen Systemen wie beispielsweise Telefon oder Briefe vorausgesetzt werden.

Projektleiter / Manager

Die Anforderungen eines Projektleiter / Manager unterscheiden sich deutlich von denen eines ganz gewöhnlichen Entwicklers. Die folgende Tabelle soll nun die oben genannten Anforderungen einstufen.

Anforderung	Einstufung
Aktualität	sehr hoch
Sicherheit	niedrig
Flexibilität	hoch
Mixing	sehr hoch
Qualität	hoch
Spektrum (Scope)	niedrig (weit)
Quantität	hoch
Verfügbarkeit	sehr hoch

Tabelle 6: Einstufung der Anforderungen eines Managers

Die am Anfang des Kapitels aufgestellten Anforderungen an ein „personal Informationsmanagement 2.0" können nun für die einzelnen Rollen aufgegriffen und individuell bewertet werden. Diese Einstufung bzw. Bewertung ist wichtig für die darauffolgende Planung des entsprechenden Systemeinsatzes.

1. Aktualität
   Ist bei dieser Art von Rolle sehr wichtig, da die eingeholten Informationen verschiedene Entscheidungen mit sich tragen.
2. Sicherheit
   In der Regel eher als Trivial anzusehen, da die benötigten Informationen meist schon in einer bestimmten Form existieren (außer eventuell in der Forschung etc.)
3. Flexibilität
   Die relevanten Daten müssen sich gut weiterverarbeiten lassen. Informationen in digitaler Form sind hier von höchster Bedeutung.
4. Mixing
   Auch die übergreifende Informationsversorgung ist für Manager äußerst wichtig. Daten müssen über mehrere Wege besorgt werden.
5. Qualität
   Die Herkunft der Informationen ist zwar für Entscheidungen sehr wichtig, dennoch müssen auch Informationen aus unsicheren oder unseriösen Quellen beobachtet und war genommen werden um frühzeitig reagieren zu können.

6. Spektrum
   Der Scope eines Projektleiters / Managers ist eher breit als tief. Informationen müssen oberflächlich über mehrere Bereiche eingeholt werden können.

7. Quantität
   Ist hier zwar als hoch, dennoch nicht mit oberster Priorität eingestuft. Eine größere Anzahl unterstützt jedoch, Entscheidungen exakter treffen zu können.

8. Verfügbarkeit
   Auch diese Anforderung muss klar als seht hoch eingestuft werden. Informationen müssen am besten zeit- und ortsunabhängig abgerufen werden können.

Durch die erstellte Matrix können jetzt die für diese Rolle relevanten Systeme anhand der Anforderungen herausgefunden werden. Dabei ist es wichtig, dass nur die Anforderungen herangezogen werden, die als hoch bzw. sehr hoch eingestuft wurden. Diese müssen dann mit den Bewertungen der jeweiligen Systeme übereinstimmen bzw. diese übertreffen. Bsp.: Sollten die Anforderungen Aktualität und Mixing auf „hoch" eingestuft worden sein, so müssen die Noten der Systeme in den entsprechenden Feldern mindestens diesen Bewertungen gerecht werden (in diesem Fall also Note zwei oder höher) um berücksichtigt zu werden.

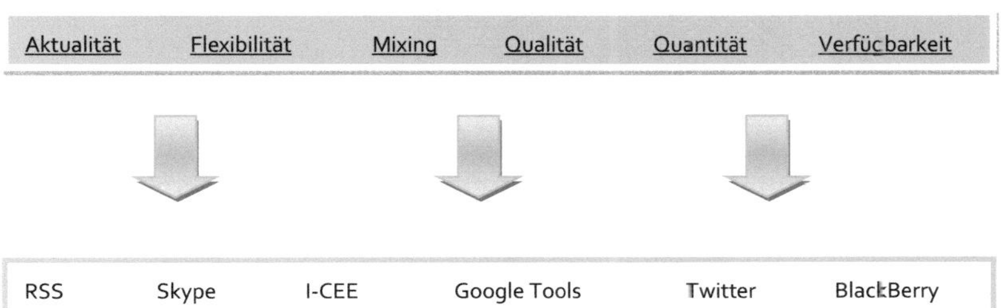

Abbildung 17: Systeme für die Anforderungen eines Managers

Entwickler

Nachdem die Einstufung der Anforderungen eines Projektleiters / Managers an ein Informationsmanagement 2.0 fertiggestellt wurde, widmen wir uns nun dem einfachen Entwickler. Auch hier sollen die obigen Anforderungen als Grundlagen genommen und anschließend bewertet werden.

Anforderung	Einstufung
Aktualität	hoch
Sicherheit	niedrig
Flexibilität	sehr hoch
Mixing	niedrig
Qualität	sehr hoch
Spektrum (Scope)	sehr hoch (tief)
Quantität	niedrig
Verfügbarkeit	sehr hoch

Tabelle 7: Einstufung der Anforderungen eines Entwicklers

Da auch bei einem Entwickler die hier bewerteten Anforderungen für den Aufbau und den technischen Einsatz verschiedener Systeme für ein Informationsmanagement 2.0 notwendig sind, sollen diese ebenfalls kurz dargestellt und erläutert werden.

1. Aktualität
   Ist bei dieser Art von Rolle ebenfalls sehr wichtig, da die eingeholten Informationen unmittelbar (zum Beispiel in Programmabschnitten) ein- bzw. umgesetzt werden.
2. Sicherheit
   Auch hier kann - insofern es sich nicht um ein bestimmtes Sicherheitsprojekt (beispielsweise in der Forschung / Entwicklung) handelt – die Sicherheit als Trivial eingestuft werden.
3. Flexibilität
   Da die benötigten Informationen eventuell Fehler, Probleme oder Sonstiges beheben, müssen diese sich gut weiterverarbeiten lassen. Daten in digitaler Form sind in der Regel äußerst wichtig.
4. Mixing
   Die übergreifende Informationsversorgung ist für einen Entwickler eher nebensächlich. Alle benötigten Informationen bekommt dieser in der Regel über bestimmte Hauptquellen wie Projektleiter oder Dokumente wie Lasten- / Pflichtenheft.
5. Qualität
   Die Qualität der Informationen ist für den Entwickler maßgebend, da so Fehler vermieden werden können.

6. Spektrum
   Der Scope ist, im Gegensatz zum Projektleiter / Manager, sehr hoch. Oberflächliche Informationen reichen dem Entwickler nicht aus. Hier muss tiefer in die Materie eingetaucht werden.
7. Quantität
   Auch die Anzahl der Informationen ist nicht sehr relevant, solange die vorhanden Daten einer guten Qualität entsprechen.
8. Verfügbarkeit
   Diese Anforderung wiederum kann als sehr hoch eingestuft werden. Die benötigten Informationen müssen möglichst zu jeder Zeit abgerufen werden können.

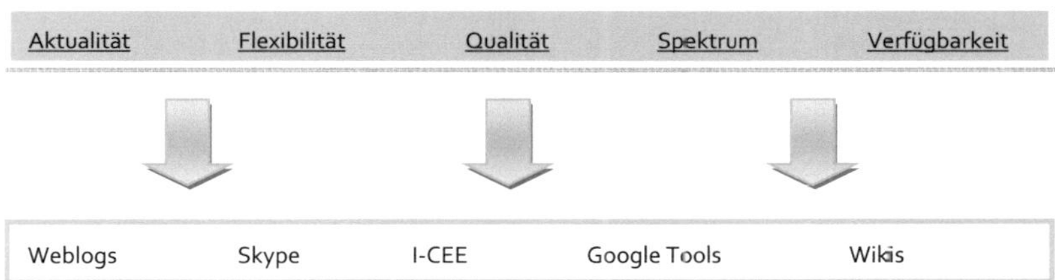

Abbildung 18: Systeme für die Anforderungen eines Entwicklers

Sowie in Abbildung 17, als auch in Abbildung 18 werden die Systeme dargestellt, die den individuellen Anforderungen der jeweiligen Rollen gerecht werden. Zwar beschränken wir uns hier in dieser Untersuchung auf die zwei Rollen des Projektleiters / Managers und des Entwicklers, dennoch können mit den aufgelisteten Anforderungen und der daraus resultierenden System-Matrix weitere unternehmensrelevante Rollen ausgearbeitet werden. Bei weiteren relevanten Ansprüchen an ein modernes Informationsmanagement müsste die Liste der Anforderungen dementsprechend erweitert werden.

6 Zusammenfassung und Ausblick

Abschließend zu dieser Untersuchung sollen die hier dargestellten Informationen, Erfahrungen und Eindrücke zusammengefasst wiedergegeben werden.

Im ersten Teil wurden ganz allgemeine Grundelemente des Informationsmanagements aufgezeigt, um so die eigentliche Bedeutsamkeit eines gut organisierten Informationsmanagements hervorzuheben. Dabei bekam der Leser einige Methoden und Konzepte aufgeführt, die innerhalb des Informationsmanagements eingesetzt und praktiziert werden. Zu diesen erläuterten Methoden gehören die problemorientierten, die prozessorientierten und die aufgabenorientierten Ansätze. Obwohl alle drei Methoden sich in ihrem Umgang mit Information bzw. mit einem Informationsmanagement unterscheiden, haben sie dennoch dasselbe Ziel: Eine bestmögliche Organisation der unternehmensrelevanten Informationen.

Problematischer hingegen war die eigentliche Zieldefinition des Informationsmanagements. Da diese sich an der individuellen Unternehmensstrategie bzw. an den unternehmenseigenen Erfolgszielen orientieren, kann hierfür keine allgemein gültige Regel oder Definition aufgestellt werden. Aus diesem Grund wurden die hier dargestellten Ansätze auch nur in ihren Grundzügen beschrieben. Alle weiteren Vorgänge und Anpassungen müssen individuell entschieden werden.

Das darauffolgende Kapitel widmete sich dann dem Informationsmanagement 2.0. Dabei war es hier nicht Ziel, das Informationsmanagement an sich erneut darzustellen, sondern Lösungsvorschläge der im Informationsmanagement auftretenden Probleme der Informationsübermittlung und -beschaffung darzustellen.

In diesem Zusammenhang wurde als erstes die Verbindung von Informationsmanagement und dem Web 2.0 dargelegt. Auch die - vor allem durch O'Reilly - geprägten Prinzipien und Grundsätze des Web 2.0 wurden anhand einzelner Gegenüberstellungen der verschiedenen Plattformen dem Leser verdeutlicht. Dennoch konnte hier keine einheitliche Definition für Web 2.0 gegeben werden, da sich dieses eher aus den genannten Grundsätzen und Richtlinien zusammensetzt. Auch weitere Kriterien wie zum Beispiel die wirtschaftlichen und technischen Aspekte des Web 2.0 wurden in diesem Kapitel kurz dargestellt. Des Weiteren konnte sich der Leser einen kleinen Überblick über die Gefahren des Web 2.0 wie beispielsweise das Cross Site Scripting verschaffen.

Nach der Einführung in die Welt des Web 2.0 wurden einzelne Systeme vorgestellt, die aufgrund dieser neuen Grundsätze und Richtlinien entwickelt wurden. Die wesentliche Aufgabe lag darin, diese Systeme, Tools oder Online-Dienste rein von ihrer funktionalen Seite zu betrachten, ohne daraus Einschränkungen auf ihren Einsatz zu schließen. Zu diesen vorgestellten Systemen gehörten unter anderem Skype, I-CEE, Twitter und verschiedene Google- Dienste wie Google Mail, Kalender oder Talk.

Da die alleinige Darstellung und Beschreibung solcher Systeme wenig über den praktischen Einsatz aussagt, wurden im Anschluss diese vorgestellten Systeme in verschiedenen Beispielszenarien angewendet. Hierfür wurden spezielle, aus der Praxis bekannte Problemstellungen inszeniert und anhand der oben genannten Systeme Lösungsvorschläge ausgearbeitet. Da, wie bereits schon erwähnt, nicht alle auf dem freien Markt verfügbaren Systeme und Tools innerhalb dieser Untersuchung getestet werden konnte, wäre auch der Einsatz anderer oder ähnlicher Systeme denkbar.

Innerhalb des letzten Abschnittes wurden spezielle Anforderungen an ein modernes Informationsmanagement aufgestellt. Anschließend konnten dann die in dieser Untersuchung vorgestellten Systeme diesen einzelnen Anforderungen zugeordnet werden.

Nachdem es dem Leser jetzt verdeutlicht wurde, welches System welchen Anforderungen gerecht werden kann, sollte dies anhand zwei verschiedener Rollen (Manager und Entwickler) angewendet werden. Das Ergebnis hierbei war eine Auflistung der Systeme, die den individuellen Anforderungen der entsprechenden Rolle eingesetzt werden können.

Da wir uns momentan noch mitten in einem Web 2.0 Hype befinden, kann derzeit noch keine direkte Zukunftsprognose über diese Technologie gegeben werden. Schließlich dachte man in den 90er Jahren auch, die visionäre DotCom-Blase würde niemals zerplatzen. Leider wurden damals dennoch viele Unternehmen vom Gegenteil überzeugt.

Fakt ist, das mittlerweile viele nützliche Tools, Programme und Dienste auf dem Markt sind, die erst durch die Funktionen des Web 2.0 entstanden sind. Fakt ist auch, dass uns diese Systeme nicht nur in wirtschaftlichen Aspekten sondern auch im täglichen Leben unterstützen. Vor allem größere Anbieter und Unternehmen wie Google, Yahoo oder Wikipedia haben durch diesen Hype ihre Stellung am Markt so stabilisieren können, dass sogar ein Einbruch des Trends, wie er 2001 zu bemerken war, kaum etwas anhaben könnte. Das liegt nicht zuletzt an der Tatsache, dass die meisten Web 2.0 Systeme und Dienste den Benutzern kostenlos zur Verfügung stehen.

Sollte es jedoch der Fall sein, dass der Web 2.0 Trend auch in den nächsten Jahren und Jahrzehnten anhält, kann man davon ausgehen, dass immer weitere, bessere Systeme auf den Markt strömen, die den Usern stetig neue Möglichkeiten in Sachen Kommunikation und Informationsversorgung bieten.

Literaturverzeichnis

1. *Hopfenbeck Waldemar.* Allgemeine Betriebswirtschafts- und Managementlehre. Moderne Industrie, 2006.

2. *Krcmar Helmut.* Informationsmanagement. Springer, 2004.

3. *Stein Sebastian.* Information. [Online] 01. Juni 2005. [Zitat vom: 10. Februar 2008] http://abenteuer.hpfsc.de/def_information.html

4. *Hopf H.G.* Informationslogische Grundlagen. [Online] 2005/2006. [Zitat vom: 10. Februar 2008] http://www.ohm-hochschule.de/fileadmin/Rechenzentrum/Virtuohm/Vorlesungen/Hopf/information-2.pdf

5. *Heinrich Lehner, Lutz J. Franz.* Informationsmanagement. R. Oldenbourg, 2005.

6. *Contenmanager.* Informationsmanagement in Unternehmen. [Online] Juli 2004. [Zitat vom: 12. Februar 2008] http://www.contentmanager.de/magazin/ artikel_530_informationsmanagement_in_unternehmen.html

7. *IT-Wissen.* ITIL. [Zitat vom: 12. Februar 2008] http://www itwissen.info/?id=31&ano=01-011876

8. *Computerwoche.* „Ohne Planung geht es einfach nicht". [Online] 14. Oktober 1988. [Zitat vom: 14. Februar 2008] http://www.computerwoche.de/heftarchiv/1988/42/1156729/

9. *O´Reilly.* What is Web 2.0? [Online] 30. September 2005. [Zitat vom: 14. Februar 2008] http://www.oreillynet.com/pub/a/oreilly/tim/news/2005/09/30/what-is-web-20.html

10. *Die Zeit | Weblog.* Tim O´Reilly´s Web 2.0-Definition. [Online] 28. Oktober 2005. [Zitat vom: 15. Februar 2008] http://blog.zeit.de/blogruf/2005/10/28/tim-oreillys-web-20-definition_28

11. *IT-Wissen.* Web 2.0. [Zitat vom: 15. Februar 2008] http://www.itwissen.info/definition/lexikon//__web%202.0_Web%202.0.html

12. *Sciencegarden.* Web 2.0 – Social Software der neuen Generation. [Online] 1. Februar 2007. [Zitat vom: 15. Februar 2008] http://www.sciencegarden.de/berichte/200702/web20/web20.php

13. *Beck Astrid.* Web 2.0: Konzepte, Technologien, Anwendungen. Dpunkt.Verlag, Heft 255, 2007

14. *Stern.* Web 2.0 im Visier Internet-Krimineller. [Zitat vom: 17. Februar 2008] http://www.stern.de/computer-technik/internet/:Viren,-Trojaner,-Phishing-Web-2.0-Visier-Internet-Krimineller/580402.html

15. *PC Professional | Weblog.* Gefahren durch Web 2.0. [Online] 15. April 2007. [Zitat vom: 17. Februar 2008] http://www.pcproblog.de/2007/04/gefahren_durch_.html

16. *Meyers Lexikon Online.* Brief. [Zitat vom: 17. Februar 2008] http://lexikon.meyers.de/meyers/Brief

17. *IT-Wissen.* Intranet. [Zitat vom: 18. Februar 2008] http://www.itwissen.info/definition/lexikon//__Intranet_Intranet.html

18. *Meyers Lexikon Online.* E-Mail. [Zitat vom: 19. Februar 2008] http://lexikon.meyers.de/meyers/E-Mail

19. *RSS Scout.* Was ist RSS? [Zitat vom: 19. Februar 2008] http://www.rss-scout.de/was-ist-rss.html

20. *Internet.com.* RSS. [Online] 05. April 2007. [Zitat vom: 19. Februar 2008] http://www.webopedia.com/TERM/R/RSS.html

21. *Manager Magazin.* Web 2.0 - Blog. [Online] 02. November 2006. [Zitat vom: 20. Februar 2008] http://www.manager-magazin.de/it/artikel/0,2828,445452,00.html

22. *Focus-Lexikon.* Weblog. [Zitat vom: 20. Februar 2008] http://relaunch.medialine.de/PM1D/PM1DB/PM1DBF/pm1dbf_koop.htm?snr=6737

23. *Interaktiv Einfach.* Wiki - die kollaborative Plattform. [Onl ne] 26. Februar 2005. [Zitat vom: 20. Februar 2008] http://www.interaktiv-einfach.ch/methoden_tools/wiki.htm

24. *Wikipedia.* Wiki. [Zitat vom: 20. Februar 2008] http://de.wikipedia.org/wiki/Wiki

25. *IT-Wissen.* Podcasting. [Zitat vom: 22. Februar 2008] http://www.itwissen.info/definition/lexikon//__podcasting_Podcasting.html

26. *Gugelproductions.* Podcasting. Der durchbruch der selektiven Mediennutzung? [Online] 10. Mai 2006. [Zitat vom: 22. Februar 2008] http://www.gugelproductions.de/blog/2006/podcasting-der-durchbruch-der-selektiven-mediennutzung.html

27. *Skype.* [Zitat vom: 22. Februar 2008] http://www.skype.de/intl/de/business/

28. *Zentraler Informatik Dienst.* Social Software mit dunkler Seite. [Online] 02. Juni 2006. [Zitat vom: 24. Februar 2008] http://comment.univie.ac.at/06-2/27/

29. *Twitter.* [Zitat vom: 24. Februar 2008] http://twitter.com/

30. *Wikipedia.* Google. [Zitat vom: 24. Februar 2008] http://de.wikipedia.org/wiki/Google

31. *Google Mail.* [Zitat vom: 24. Februar 2008] http://mail.google.com/mail/help/intl/de/about.html

32. *Google Blogger.* [Zitat vom: 24. Februar 2008] https://www.blogger.com/start?hl=de

33. *Google Kalender.* [Zitat vom: 24. Februar 2008] http://www.google.com/intl/de/googlecalendar/tour.html

34. *Google Talk.* [Zitat vom: 27. Februar 2008] http://www.google.com/talk/intl/de/

35. *Google Text & Tabellen.* [Zitat vom: 28. Februar 2008] http://www.google.com/google-d-s/intl/de/tour1.html

36. *Google Groups.* [Zitat vom: 28. Februar 2008] http://groups.google.de/

37. *BlackBerry.* [Zitat vom: 28. Februar 2008] http://www.blackberry.com/de/products/blackberry/index.shtml

Anhang

a. Quellen der vorgestellten Internet-Tools und Systeme

- Skype:
  www.skype.de

- Skype Add-ons:
  https://extras.skype.com/

- Google:
  www.google.de

- Google Mail, Kalender, Text & Tabellen:
  http://www.google.de/intl/de/options/

- Google Blogger:
  https://www.blogger.com/start?hl=de

- Google Talk:
  http://www.google.com/talk/intl/de/

- Google Groups:
  http://groups.google.de/

- Firefox Add-on für Google Mail:
  https://addons.mozilla.org/de/firefox/addon/3179

- Twitter:
  www.twitter.com

- Firefox Add-on für Twitter:
  https://addons.mozilla.org/de/firefox/addon/5081

- I-CEE:
  www.xt-ag.com

- Beispiel I-CEE:
  www.i-cee.de/show

- RSS-Reader
  http://www.rssowl.org/

- Blogs:
  http://wordpress-deutschland.org/

- BlackBerry:
  http://www.blackberry.com/de/

b. Existierende I-CEE Collectoren

- Datenbank-Collector (Zugriff auf Datenbanken)
- File-Collector (Zugriff auf Verzeichnisse und Dateien)
- Google-Collector (Implementiert die Suchmaschine von Google)
- Ical-Collector (Auslesen von Einträgen aus einem Google Kalender)
- RSS-Collector (Bereitstellung von RSS-Feeds)
- Weather-Collector (Darstellung von Wetterdaten)
- Imap-Collector (Auslesen der E-Mails aus einem Imap Konto)
- SVN-Collector (Zugriff auf Dateien innerhalb eines SVN Repository)
- XML-Collector (Auslesen von XML und XSLT Dateien)
- JBossStatistics-Collector (Darstellung der JBoss Werte)
- SystemLog-Collector (Zugriff auf verschiedene SystemLog-Dateien)
- Stockquote-Collector (Bereitstellung von Börsenkursen)

c. Nützliche RSS-Feeds

- Heise:
  http://www.heise.de/newsticker/heise.rdf

- N-TV:
  http://www.n-tv.de/23.rss

- Financial Times Deutschland:
  http://www.ftd.de/static/ticker/ftd-topnews.rdf

- N24:
  http://www.n24.de/2/nachrichten/index.rss

- Spiegel-Online
  http://www.spiegel.de/schlagzeilen/rss/0,5291,,00.xml

- Wetter.com:
  http://wetter.com/wetter_rss/wetter.xml

Weitere fachspezifische RSS-Feeds können unter http://www.rss-verzeichnis.de/ abgerufen werden.

d. Bekannte Weblogs

- Die Zeit:
  http://www.zeit.de/blogs/

- Welt-Online:
  http://debatte.welt.de/weblogs/

- Tagesspiegel:
  http://service.tagesspiegel.de/weblogs/

- Handelsblatt:
  http://www.handelsblatt.com/weblog

e. Hilfreiche Online-Wikis

- Reiseführer:
  http://wikitravel.org/

- Juristische Angelegenheiten:
  http://www.jurawiki.de/

- Online-Enzyklopädie:
  http://www.wikipedia.de

- Onlinemarketing:
  http://marketing-wiki.netmarketing-portal.org/

- Geoinformatik:
  http://www.giswiki.org/wiki

Weitere fachspezifische Wikis können unter http://www.wikiservice.at/gruender/wiki.cgi?WikiVerzeichnis eingesehen werden.